SCREW

하루 한 권, 나사

가도타 가즈오 지음

신해인 옮김

세상을 지탱하는 나사의 숨은 원리

가도타 가즈오(門田和雄)

1968년에 태어났다. 도쿄가쿠게이대학교 대학원 교육학연구과 기술교육 전공 석사 과정을 수료하고 도쿄공업대학교 부속 과학기술고등학교에서 기계 시스템 교사로 일했다. 기계 기술 교육의 실천과 연구를 중심으로 기계와 로봇에 관한 다양한 교육 연구 활동에 힘을 쏟고 있다. 『基礎から学ぶ機械工学 기초부터 배우는 기계공학』〈サイエンス・アイ新書〉, 『絵とき「ねじ」基礎のきそ 그림과 함께 보는 '나사'의 기초』〈日刊工業新聞社〉, 『ねじ図鑑 나사 도감』, 『しくみや使い方がよくわかるモーター図鑑 구조와 사용법을 이해하게 되는 모터 도감』〈誠文堂新光社〉 등 공학 분야의 저서를 다수 출간했다.

● 일러두기

본 도서는 2009년 일본에서 출간된 가도타 가즈오의 『暮らしを支える「ねじ」のひみつ』를 번역해 출간한 도서입니다. 내용 중 일부 한국 상황에 맞지 않는 것은 최대한 바꾸어 옮겼으나, 불가피한 경우 일본의 예시를 그대로 사용했습니다.

들어가며

'나사'는 우리 주변의 다양한 제품에 사용되는 대표적인 기계요소입니다. 컴퓨터, 휴대전화, 디지털카메라와 같이 주변에서 흔히 볼 수 있는 가전제품을 분해해 보면 수많은 나사가 사용되고 있음을 알 수 있습니다. 자동차 한 대에는 수천 개의 나사, 비행기 한 대에는 수만 개의 나사가 사용됩니다. 야외에서는 가드레일이나 울타리에서 나사를 찾을 수 있으며, 기차를 타면 차량 내부 곳곳에 나사가 보입니다. 선로 역시 나사로 고정되어 있습니다. 또 토목 및 건축 분야에서는 구조물이나 건물을 지탱하기 위해서 굵은 앵커 볼트가 사용됩니다.

▲ 철교에 사용되고 있는 볼트의 예시

하지만 우리는 평소 나사의 종류나 기능에 대해서 특별히 의식하지 않은 채 생활합니다. 이는 제조업에 나사라는 기계요소가 잘 녹아 있다는 방증이기도 합니다. 산업 사회의 중추적인 역할을 하는 존재로 예전에는 철을 꼽았습니다. 최근에는 반도체가 그 자리에 들어와 '산업의 쌀'이라고 불리죠. 같은 맥락에서 나사는 '산업의 소금'이라고 불립니다. 소금은 우리의 삶에 꼭 필요한 존재입니다. 공기나 물처럼 없어서는 안 되지요. 나사 역시 마찬가지입니다. 나사도 우리의 생활에서 공기나 물만큼 중요한 역할을 합니다.

▲ 나사는 잘 보이지 않는 곳에서 우리의 삶을 지탱하고 있다

그리고 이러한 나사의 종류, 규격, 강도 설계 등을 배워서 적재적소에 나사를 사용할 수 있는 능력을 갖춘 사람들이 있습니다. 안전하게 '나사를 사용하기' 위해서는 엔지니어와 같은 해당 분야의 전문가가 필요합니다.

하지만 나사는 생활 속에서 아주 흔하게 사용되므로 냄비 손잡이의 나사가 풀리거나 조립식 책장을 직접 조립해야 하는 등 나사를 조여야 하는 상황이 발생하기 마련입니다. 그럴 때 우리는 스스로 나사를 선택하고 조여야 합니다. 다시 말해서 '나사를 조이는' 사람은 비단 나사의 전문가만이 아닙니다. 요즘 드라이버가 한 개도 없는 집도 늘고 있다고 하지만 나사와 드라이버는 갖춰 두면 여러모로 쓸모가 있습니다.

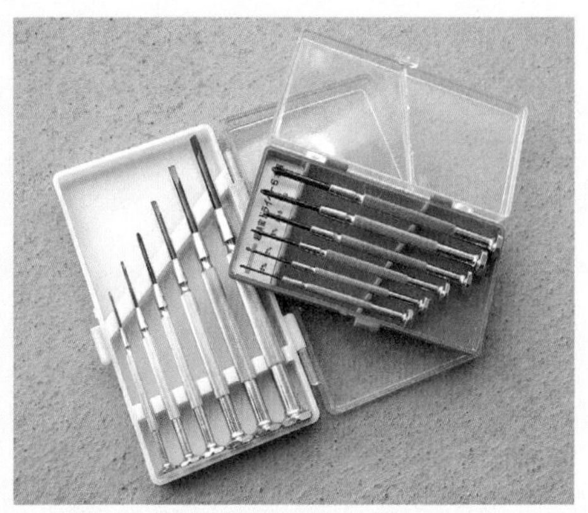

▲ 구비해 두면 편리한 드라이버 세트의 예시

그런데 이러한 나사가 어떻게 만들어지는지 생각해 본 적 있으신가요? 지름이 몇 밀리미터인 작은 나사이지만 나사산은 촘촘하게 이어지고 하나하나가 모두 같은 모양을 하고 있습니다. 나사 중에는 지름이 20센티 이상인 굵은 나사도 있습니다. 이러한 나사를 만드는 방법과 작은 나사를 만드는 법이 같을까요? 아니면 전혀 다른 방법으로 만들까요? 지금도 크고 작은 마을 공장에서는 '나사를 만드는' 전문가들이 하루하루 묵묵히 우리의 생활을 지탱하는 나사를 만들고 있습니다.

최근에는 과학 기술이 너무 복잡해 일반인은 그 구조 등을 이해하기가 어려워지고, 이로 인해 과학 기술에 대한 전문가와 일반인 간의 괴리가 더욱 커지고 있다고 합니다. 물론 뛰어난 인재들이 지금까지 만들어 온 과학 기술의 세계를 이해하기란 만만치 않습니다. 하지만 어떤 학문이든 기초적인 내용은 그다지 어렵지 않습니다. 이를 조합해 나가는 과정이 복잡할 뿐이지요. 갑자기 복잡한 내용부터 이해하려고 하면 누구에게나 어렵게 느껴질 것입니다.

그런 의미에서 주변에 있는 나사를 이해하는 일은, 나사의 세계는 물론이고 미래의 제조업과 과학 기술을 조명하는 하나의 단서가 될 것입니다.

이 책을 저술하기 전에 『絵 とき「ねじ」基礎のきそ 그림과 함께 보는 '나사'의 기초』〈日刊工業新聞社〉와 『しくみや使い方がよくわかるモーター図鑑 구조와 사용법을 이해하게 되는 모터 도감』〈誠文堂新光社〉 이라는 두 권의 책을 펴내면서 기계를 전문적으로 배우고자 하는 사람들 외에도 나사에 관심이 있는 사람이 생각보다 많음을 알게 되었습니다. 또 두 권의 책을 통해 많은 나사 공장이나 나사 상사와도 인연이 닿았습니다. 자신들이 만들고 사고파는 하나하나의 나사가 세상을 지탱하고 있다는 나사 업계 관계자분들의 자부심이 느껴졌습니다. 한편으로는 이러한 나사의 가치가 '당연한 것'으로 치부되고 제대로 평가받지 못하는 현실에 대한 아쉬움도 느꼈습니다.

그래서 나사가 지닌 가치를 새로운 책으로 펴내면 나사의 세계를 더욱 널리 알릴 수 있지 않을까 하는 마음에 다시 한번 펜을 들게 되었습니다.

이 책은 제목 그대로 「나사가 우리의 삶을 지탱하고 있다」라는 사실을 더욱더 많은 사람에게 알리고 싶은 바람에서 시작되었습니다. 여러 가지 의미로 독자 여러분께 메시지가 전달되고, 그를 뒷받침하는 나사 업계의 관계자 여러분께 조금이나마 도움이 되기를 희망합니다.

가도타 가즈오

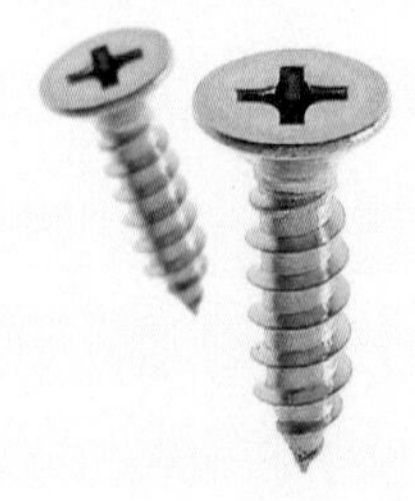

목차

제3장 나사를 조이다

제4장 나사를 만들다

나사를 보다

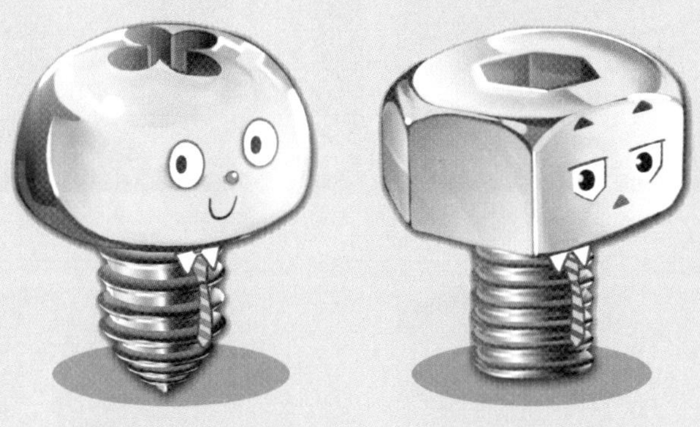

나사는 어떻게 구성될까? 먼저 제1장에서는 다양한 관점으로 나사를 살펴보자.

1-1 우리 주변의 나사

나사는 우리 주변 곳곳에 존재하지만 유심히 살펴보지 않으면 그 존재를 알아채기 어렵다.

먼저 아래의 사진에서 나사가 쓰인 곳을 찾아보자.

그림 1-1 선로

그림 1-2 가드레일

그림 1-3 안경

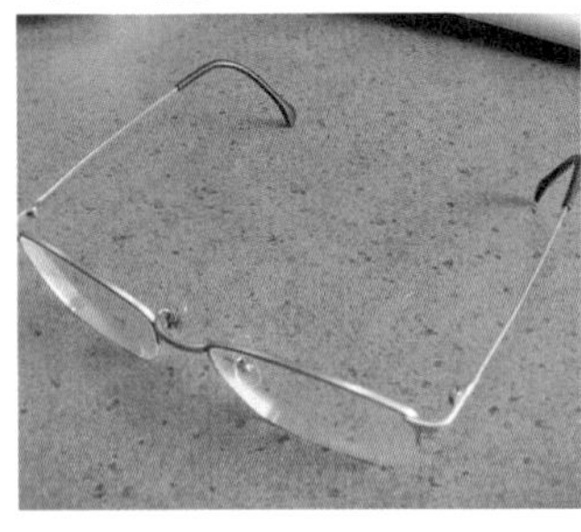

그림 1-4 야구장 의자

다 찾았다면 하나씩 천천히 살펴보도록 하자.

선로

철도의 선로를 확대해 보면 오른쪽 그림과 같이 나사로 선로를 고정하고 있다. 열차가 선로를 지날 때마다 선로에 큰 진동이 가해져서 나사가 느슨해지면 곤란하다. 그를 방지하기 위해서 어떻게 대응하고 있을까?

그림 1-5 선로의 나사

가드레일

가드레일을 확대해 보면 표면이 둥근 부품이 여러 개 보이는데 아마 이 부품들이 나사이며 내부에서 조여졌을 것이다. 그리고 상단의 펜스 체결 부위에는 육각형 나사가 사용되었다. 보통 가드레일이나 펜스는 야외에 설치되므로 비바람을 피할 수 없다. 그렇다면 녹슬지 않도록 하기 위해 어떻게 대응하고 있을까?

그림 1-6 가드레일의 나사

안경

안경을 확대해 보면 프레임이 접히는 부분에 작은 나사가 보인다. 머리 부분의 홈은 +자형으로, 이렇게 작은 나사도 있다니 놀라울 따름이다. 대체 이렇게 작은 나사는 어떻게 만드는 것일까?

그림 1-7 안경의 나사

야구장 의자

야구장의 접이식 의자에서 발견한 것은 육각형 머리를 가진 나사이다. 부품을 체결하는 용도로 사용되었다. 그리고 하나 더 흥미로운 나사가 보인다. 야구공 모양의 패널을 고정하는 나사는 별 모양이었다. 누군가가 장난삼아 손을 대더라도 패널이 쉽게 빠지지 않도록 방지하는 기능을 한다.

그림 1-8 육각 머리형 나사

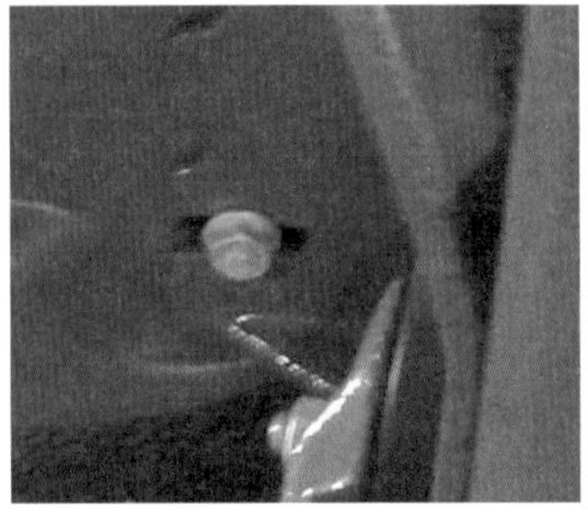

지금까지 살펴본 나사는 모두 체결용으로 사용되고 있어서 넓은 의미로 보면 용도가 같다. 하지만 나사의 굵기나 길이 차이가 있음은 물론이고 머리부의 형상이나 선단부의 형상 등도 약간씩 다르다. 또 조여져 있는 나사를 분리해 보면 나사산의 모양과 각도가 다를 수도 있다. 그리고 이 나사들의 재질은 모두 금속인데 해당 성분은 철일까? 알루미늄일까? 아니면 구리

일까? 철이라고 해도 대부분 다양한 합금 성분을 포함한 강철일 텐데 그들은 어떻게 분류될까? 또 금속은 표면 그대로 사용하는 경우가 적어서 대부분 도금 등의 표면 처리를 해야 한다. 나아가 플라스틱 등 금속 이외의 재료로 만들어진 나사도 있고 그 종류도 다양하다.

그림 1-9 별 모양으로 홈이 파인 나사

같은 나사라고 해도 지금 소개한 바와 같이 매우 다양한 종류가 있으며 해당 나사들은 적재적소에 사용되고 있다. 그러므로 주변의 나사를 관찰하면서 왜 이 장소에 이 나사가 사용되었는지를 고민해 보는 것도 흥미로운 시간이 될 것이다.

1-2 나사의 역사

나사와 인간의 관계는 그 역사가 깊어서 기원전 300년경 아르키메데스가 발명한 펌프까지 거슬러 올라간다. 이 펌프에는 심봉에 부착된 나선형 부분이 있어서 우리가 나선 계단을 오르듯이 낮은 곳에 있는 물을 높은 곳으로 퍼 올릴 수 있다. 그래서 나일강 관개용 양수 펌프로 사용되었다.

그림 1-10 아르키메데스의 양수 펌프

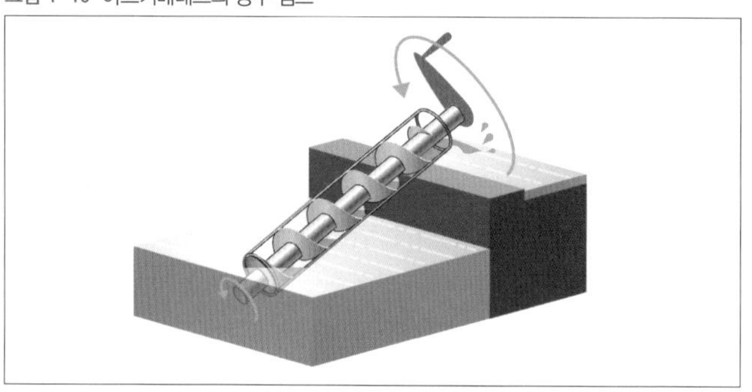

이처럼 최초의 나사는 체결용이 아니라 운동용으로 발명되었다. 그리고 이 나선을 이용한 기구는 구조가 간단해서 액체에 고체가 섞여 있을 때도 효과적이다. 지금도 콘크리트 믹서 트럭에서는 내부에서 나선형 기구가 정회전하여 콘크리트의 배출을 돕고, 역회전하여 콘크리트의 교반(저어 섞기)을 돕고 있다.

기원전 100년에는 포도와 올리브 열매를 으깨기 위해서 큰 힘을 발생시키는 나사 프레스가 발명되었다. 이는 나무 막대에 나사산을 새긴 형태로, 나사의 회전을 압축 운동으로 변환하여 포도주와 올리브유를 짜낼 수 있었다.

그림 1-11 나사 프레스

그림 1-12 활자 인쇄기

1400년대 독일의 구텐베르크가 발명한 활자 인쇄기는 나사 프레스를 응용한 것이다. 즉 잉크를 칠한 활자판을 나사 장치로 종이에 누르는 방식이었다. 이 나사 프레스는 활자 문명의 선구자가 되었을 뿐만 아니라 그 후 금속 가공 시에도 프레스 기계를 활용하는 등 발전의 기반이 되었다. 현재까지도 인쇄의 의미는 물론, 신문과 잡지를 프레스(press)라고 하는 것은 이것의 흔적이다.

일본에서도 에도 시대였던 1600년대 사도 금광에서 용미차(龍尾車) 등으로 불리는 나선형 양수기가 광산의 물을 배출하는 데 사용되었다는 기록이 남아 있다.

1500년 무렵 다양한 발명품을 남긴 레오나르도 다 빈치는 나사의 작용을 응용한 다양한 장치를 고안했다. 그가 남긴 노트에는 탭과 다이스로 나사 절삭의 원리를 나타낸 스케치와, 넓은 테이블 위에 공구대가 있어서 나사를 깎아야 할 작업물이 크랭크로 회전하는 주축에 직결된 나사 절삭기의 스케치 등이 담겨 있다. 이를 보아 금속제 볼트와 너트, 작은 나사류는 1500년 전후에 등장했을 것으로 추측된다.

금속제 나사가 양산되기 시작한 것은 그 후로, 1800년경 영국인 헨리 모즐리가 금속제 새시로 만든 나사 절삭용 선반을 개발한 이후이다. 그전에도 도르래의 원리를 이용해서 작업물을 회전시켜 칼날을 밀어 가공하는 목공

그림 1-13 다 빈치가 그린 나사 절삭기의 스케치

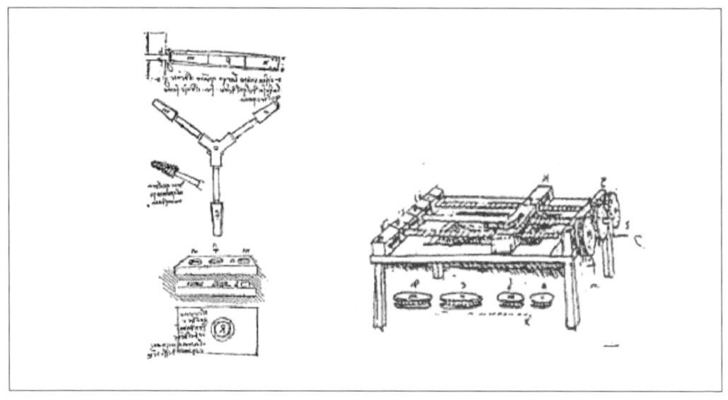

기계는 존재했지만, 모즐리는 칼날을 공구대에 고정해서 나사산을 정밀하게 가공할 수 있도록 만들었다.

이것이 현재 사용하고 있는 선반의 토대가 되었다. 이 선반을 통해 나사뿐만 아니라 다양한 금속 부품의 대량 생산이 가능해졌다.

그림 1-14 모즐리의 나사 절삭 선반

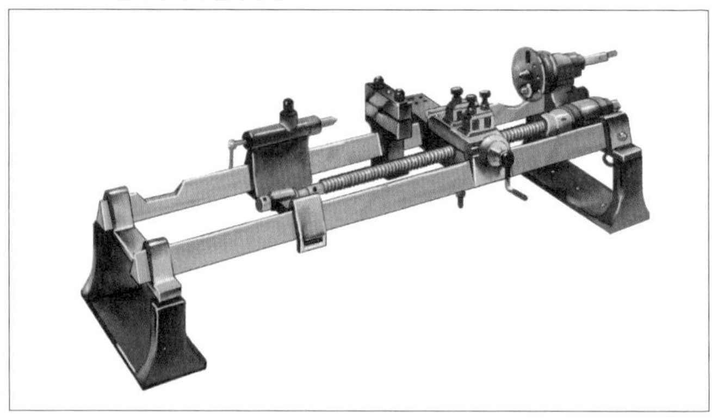

모즐리의 제자였던 조지프 휘트워드는 많은 제조사의 고객들이 제각각 주문하는 나사산의 형태를 조사하여, 1841년에 휘트워드 나사로 나사산의

각도가 55도인 나사를 표준화했다. 이를 통해 모든 제조사의 나사가 같은 규격으로 통일되어 영국의 기계 수출에 크게 기여했다.

한편 미국에서도 1864년 윌리엄 셀러스가 휘트워드 나사를 개량하여 나사산의 각도가 60도인 인치계(系) 나사를 발표했다. 이 나사는 미국 규격으로 채택되어 US 나사가 되었다. 그 후 미국, 영국, 캐나다의 세 나라가 군수품의 호환성을 위해 제정한 유니파이 나사로 발전했다. 참고로 현재 미터나사의 원형은 1898년 프랑스, 스위스, 독일이 제정한 SI 나사이다.

이어서 일본 나사의 기원에 대해서도 알아보자. 1543년 포르투갈인들이 다네가시마에 표착했고 영주였던 다네가시마 도키타카가 그들로부터 일본 최초로 화승총을 사들였다. 그리고 이 화승총의 개머리판을 막기 위한 누기 밸브로 이용된 수나사와, 그 수나사가 들어가는 개머리판의 암나사가 일본인이 본 최초의 나사라고 한다.

그림 1–15 화승총과 누기 밸브

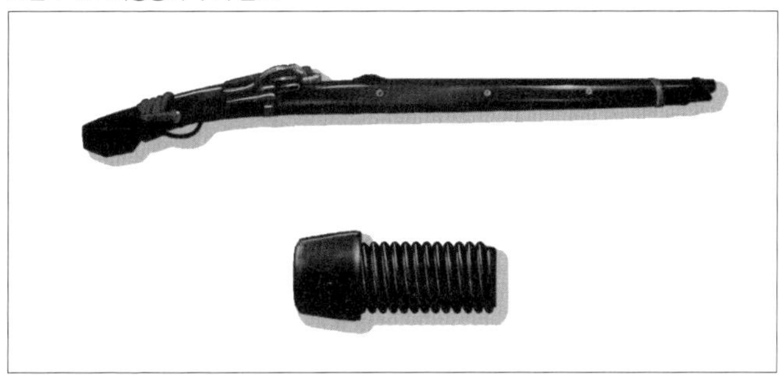

도키타카는 화승총을 대장장이에게 주고 제조법을 연구하게 했다. 고심하던 대장장이는 약 1년 만에 제조에 성공했다. 그렇다면 대장장이는 어떤 방법으로 이 나사들을 만들었을까?

누기 밸브의 수나사 가공은 비교적 쉬워서, 실을 코일 모양으로 감아 그 선을 따라 줄로 잘라서 끼우는 방법 등을 생각할 수 있다. 문제는 총구 쪽 암나사이다. 포르투갈인이 가져온 총은 시대를 고려하면 서양에서는 핸드

탭으로 가공했을 것 같은데, 그 당시 일본에는 줄과 쇠줄만 있고 탭은 없었다. 그래서 고안한 것이 총신을 가열해 놓고 누기 밸브의 나사를 총구에 삽입한 후 망치 등으로 두드려서 성형하는 방법이었다. 하지만 이렇게 수작업으로 만든 나사는 정밀도의 편차가 있고 호환성도 없었다.

한편 모즐리가 개발한 나사 절삭 선반은 휘트워드가 개량한 형태로 각지에서 생산되었고 1857년에 일본에도 납품되었다. 도쿠가와막부도 이 기계를 도입하여 막부 제철소에서 군수용 나사와 너트 생산을 시작했다. 메이지 유신 이후에도 이 기계들은 계속해서 활발히 사용되었다고 한다. 1850년대 진입 후에는 유럽에서 냉간 단조기가 개발되어 나사 제작은 호환성을 갖춘 대량 생산의 시대로 접어든다.

1865년 도쿠가와막부는 프랑스로부터 인력과 자재 지원을 받아 요코스카 제철소와 항만 시설을 건설하여 일본의 근대화 기반을 마련했다. 이 근대화 사업은 막부의 재정을 담당하는 간조부교(勘定奉行)였던 오구리 고즈케노스케 다다마사(小栗上野介忠順)와 프랑스 해군 기술자인 베르니가 주도했다. 여기에 사용된 프레스 용량 3톤, 0.5톤인 스팀 해머는 현재 가나가와현의 JR 요코스카역 근처에 있는 베르니 기념관에 보존되어 있다. 3톤짜리 스팀 해머는 1866년 네덜란드에서 수입되어 1996년까지 130년 동안 공작 기계로 실제로 사용되었다. 스팀 해머는 증기 압력을 사용해서 단조하는 공작 기계이다. 이 스팀 해머는 일본에 근대 서유럽의 기술이 수입되어 서유럽 문명을 소화하고 흡수해 온 역사를 보여 주는 귀중한 문화유산이다.

여기서 등장한 오구리 고즈케노스케는 나사와도 인연이 있는 인물이다. 1860년 견미 시설 목적으로 바다를 건너간 오구리는 미국에서 선물로 나사를 가지고 돌아왔다. 그리고 그가 워싱턴 근교에서 본 해군 조선소를 참고하여 프랑스의 지원을 받아 요코스카에 제철소와 조선소를 건설했다. 이곳에서는 제철부터 제품 등의 가공은 물론이고 대포와 포탄, 총, 범선용 로프까지 배에 필요한 물품은 모두 직접 제작할 수 있었다. 이것이 일본 근대화의 첫걸음을 내딛는 원점이 되어 철을 기반으로 한 인프라 사회가 구축되는 동안, 체결 부품으로서 나사도 많이 쓰이게 되었다. 또 작은 나사가 프랑스어로 비스라고 불리는 것은 조선소가 프랑스의 지원을 바탕으로 건설된 흔적이라고 한다.

그림 1-16 3톤 문형(門型) 스팀 해머(왼쪽)와 후크 모양 금형(오른쪽)

또한 오구리 고즈케노스케는 '근대화의 아버지'라고도 불린다. 그의 선조 위패를 모신 절인 군마현 다카사키시 구라부치 마을의 도젠지 절에는 그가 미국에서 가져온 망원경과 수동 드릴, 권총, 그리고 갈고리가 달린 작은 나사 등 다양한 유품이 전시되어 있다.

그림 1-17 오구리 고즈케노스케 다다마사가 미국에서 가져온 나사

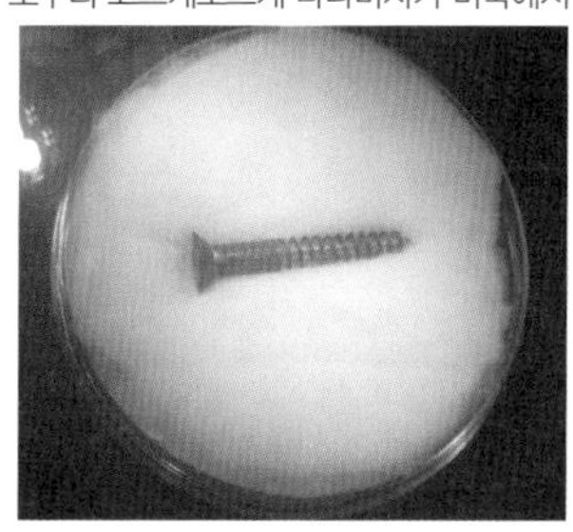

1-3 나사의 규격

여기에서는 규격의 중요성에 대해서 알아보자. 나사나 톱니바퀴 등 기계 요소의 각 부분 형상은 각각의 공장에서 따로 만들면 호환성이 없어서 곤란하다. 그래서 이를 규격화하고 통일해야 할 필요가 생겼다. 하지만 세계적으로 길이의 단위조차도 미터와 인치로 나뉘어 통일되어 있지 않다는 문제가 있어서, 현재도 전 세계적으로 통일되어 있지는 않다. 현재 전 세계적으로 통용되는 다양한 규격을 정하는 곳은 국제표준화기구(ISO: International Organization for Standardization)이다.

나사 역시 일찍부터 국제적인 통일이 필요했지만, 각국에서 독자적인 나사 규격이 제정되었고 제2차 세계대전의 발발로 인해 그 이상 발전하지 못했다. 나사의 국제규격은 1962년 ISO 미터나사로 접두사 M으로 표시되는, 나사산의 각도가 60도인 미터 3각 나사 등이 정해져서 일본과 유럽 각국에서 널리 쓰이게 되었다.

그림 1-18 나사 규격의 변천

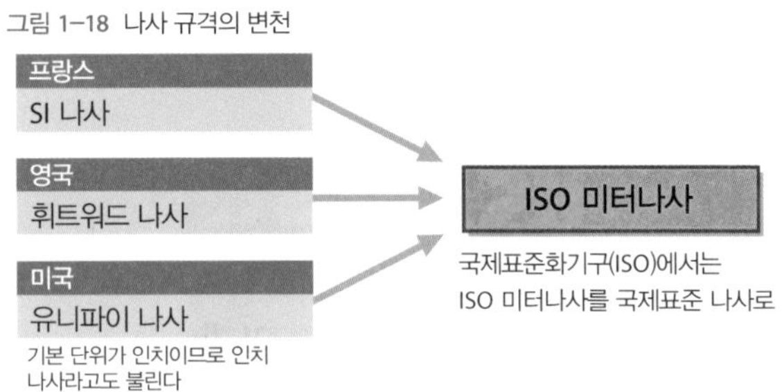

일본에서는 1949년 6월 1일 공업표준화법이 교부되어 일본공업규격(JIS: Japanese Industrial Standards)이 제정되었다. 이날을 기리며 1975년부터 6월 1일을

나사의 날로 삼아 나사 제품이 기초부품으로서 사회적, 경제적으로 중요하다는 사실을 알리고 국민의 인식을 제고하고 있다.

또 ISO와 JIS는 기본적으로 일치하는 방향으로 움직이고 있지만, 과거의 변천 등도 있어서 지금도 모두 같지는 않다. 또 새로운 규격이 제정되어도 그것이 즉시 나사 시장에 반영되지 않기도 하고 오랜 기간 관습적으로 남아 온 규격이 '부속서'라는 형태로 몇십 년 동안 남아 있기도 하다. 나사에 관한 JIS는 핸드북에 상세히 기재되어 있다. **그림 1–19**는 JIS와 ISO 마크를 나타낸 것이다.

그림 1–19 JIS와 ISO의 마크

일본규격협회(http://www.jsa.or.jp/)가 매년 작성하는 JIS의 핸드북 중 나사에 관한 것은 2권으로, 나사 I 에서는 나사에 관한 용어, 표현 방법, 제도, 한계 게이지, 부품 공통, 그리고 나사 II 에서는 일반용 나사 부품, 특수용 나

그림 1–20『JIS 핸드북 2008 〈나사 I , II〉』

사 부품 등을 다루고 있다. 두 권 모두 약 900쪽 분량으로 나사 초보자라면 그 내용을 이해하기 어려우므로 이 책에서는 해당 내용 중 기초적인 부분에 관한 해설도 함께 다룰 예정이다.

앵커 볼트 규격 제정의 여정

여기서 나사의 규격이 제정되기까지의 일례를 알아보자. 나사라고 하면 기계나 가전제품에 들어 있는 작은 나사를 떠올리는 분들이 많겠지만, 세상에는 나사부의 지름이 10㎝ 이상인 굵은 나사도 존재한다. 그 대표적인 나사가 건축용 앵커 볼트(141쪽 참조)이다. 앵커 볼트는 대지와 건물을 연결하기 위한 중요한 부자재로, 앵커 볼트가 제대로 기능하지 않으면 아무리 견고한 최적의 기초를 쌓았더라도 아무 의미가 없다. 그러나 최근까지 이 앵커 볼트에는 명확한 기준과 규격이 없었다. 이러한 문제는 1995년 1월의 한신 · 아와지 대지진으로 인한 구조물의 전복과 화재가 계기가 되어 업계 내의 과제로 다시 떠오르게 되었다.

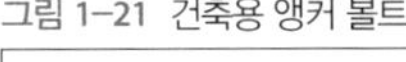
그림 1-21 건축용 앵커 볼트

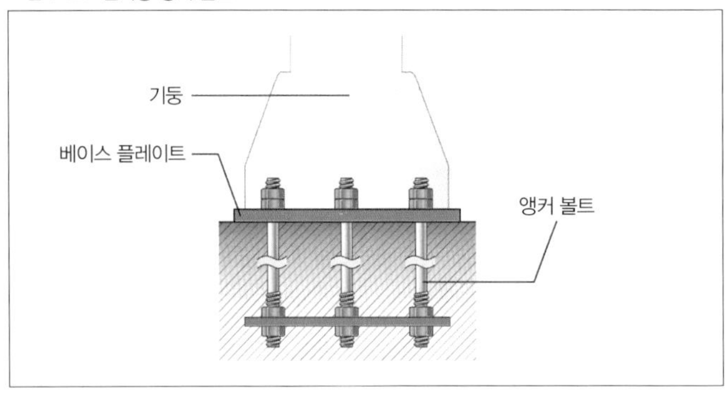

2000년, 앵커 볼트의 품질 향상과 안정적인 공급, 볼트 제조업체의 지위와 신뢰성 향상을 목적으로 일본퍼실리티매니지먼트협회(약칭 JFMA)가 설립되었다. 이들은 한신 · 아와지 대지진에서 노출형 주각부의 피해 등을

교훈으로 삼아 앵커 볼트의 신장 능력을 보증하여 구조 특성을 확보하고자 했다. 이에 일본강구조협회(약칭 JSSC)가 제정한 SNR강 소재의 앵커 볼트 · 너트 · 와셔를 세트로 만든 JSS 내진 앵커 볼트의 자주 인정규격을 제정했다. 여기서 SNR강이란 JISG3138 건축구조용 압연봉강을 의미하는데 내력 외에 기존의 일반구조용 압연강재(SS재)에서는 보증되지 않는, 지진 시에 필요한 신장 능력이나 용접부의 성능 보증 등 건축구조용으로 필요한 성능을 지닌 재료를 말한다. 덧붙여 SNR 철강은 JSS 인정 공장에서 제조되고 있으며 2008년의 제조 실적은 1만 356톤으로 처음으로 1만 톤을 넘겼다.

일본퍼실리티매니지먼트협회에서는 자주 인정의 핵심 역할을 하는 제작공장심사실행위원회를 비롯하여 운영 · 업무를 하는 각 위원회와, 홍보 · 섭외 · 교육 연수를 담당하는 각 그룹, 규격 연구 분과회 등을 통해 위의 목적에 이바지하는 종합적인 활동을 추진해 왔다. 그 결과, 이 자주 인정규격은 '구조용 앙나사 앵커 볼트 · 육각너트 및 와셔'라는 이름의 JIS 원안으로 정리되어 여러 절차를 거쳐 2010년 6월에 공시될 예정이다.

이처럼 나사가 우리 생활의 안전 · 안심을 지탱하는 초석이 될 수 있도록 여러 협회 등에서 규격 제정을 위해 꾸준히 노력하고 있다.

나사 산업과 나사 관련 단체

일반적인 나사의 제조 기술은 이미 성숙 단계여서 매일 새로운 종류의 나사를 개발할 수 있는 상황은 아니다. 물론 비싼 나사도 있지만, 요즘 1엔 이하로 살 수 있는 물건은 나사와 종이밖에 없다는 말도 있다. 다른 산업 제품과 마찬가지로 중국 등에서 저렴한 제품이 전 세계로 대량 수출되어 가격 경쟁에 노출되고 있는 가운데, 한 개의 나사에 얼마만큼의 부가가치를 더해서 판매할 것인지도 업계의 과제로 대두되고 있다.

나사 업계 및 나사 연구에 관한 주요 단체는 다음과 같다.

일본나사공업협회는 1960년에 설립되었다. 일본 국내에 사업소가 있는 나사 제조업체 및 나사 제조업자로 구성된 단체이다. 주요 사업으로는

1. 행정기관 및 관련 단체와의 협상 연락 2. 나사의 품질 향상 및 종류 및 규격 개선에 필요한 사업 3. 나사 자재의 가격, 재질 등에 관한 조사 및 필요 자재의 수급 합리화 대책의 추진 4. 나사 관련 국제 교류의 촉진 5. 나사 관련 국내외 문헌 자료 정보 등의 수집 및 산업 소유권 조사 6. 나사 공업의 설비 경영 합리화 정책의 연구 및 추진 등의 활동을 하고 있다.

일본나사연구협회는 1969년에 설립되었다. 나사와 관련된 기술적인 문제를 해결하고자 저명한 학자와 나사의 생산 및 판매에 관여하는 관련 기업, 나사의 수요자, 재료, 기계, 도구, 측정 등의 관련 기업으로 구성된 단체이다. 구체적으로는 나사의 체결, 피로 강도, 풀림, 지연 파괴 등의 조사 연구, 나사 기본 및 체결용 부품에 관한 JIS 원안의 작성, 나사 관련 지식의 정리, 정보 수집 및 교환을 위해 『일본 나사 연구 협회지』를 매월 발행하고 있다.

이 외에도 나사 관련 단체로는 일본알루미늄협회, 자동차기술회, 카메라영상기기공업회, 일본정밀측정기기공업회, 일본전기기술회 등이 있다.

그림 1-22 일본나사공업협회 웹사이트
http://www.fij.or.jp/

그림 1-23 일본나사연구협회 웹사이트
http://www.jfri.jp/

1-4 나사의 유통

다양한 장소에서 폭넓게 활용되는 나사는 1년 동안 일본 국내에서 얼마나 생산되고 있을까? 일본나사공업협회의 조사에 따르면 2007년의 나사 생산량은 333만 5,488톤(전년 대비 약 6.7% 증가), 생산 금액은 9,000억 541만 엔(전년 대비 약 8.2% 증가)이었다.

또 재무성의 무역통계에 따르면 철강제 나사의 수출입양에서도 무게, 금액 기준으로 전년을 크게 웃돌았다. 이러한 상승 추세는 2001년쯤부터 지속되어 왔지만 2007년 말쯤부터 원자재 가격의 급등에 휘말려 있다. 단가가 저렴한 나사는 원자재 가격 급등이 제품의 가격 상승으로 이어지기가 어렵다는 말도 있다. 지금까지 불황에 강하다고 알려진 나사 산업에서도 소규모 마을 공장의 폐업이나, 실적이 좋은 기업에 의한 기업 인수 등의 현상이 나타나기 시작했다. 이처럼 현재 나사 산업은 전반적으로 어려운 상황이다.

그림 1-24 나사의 생산량 추이

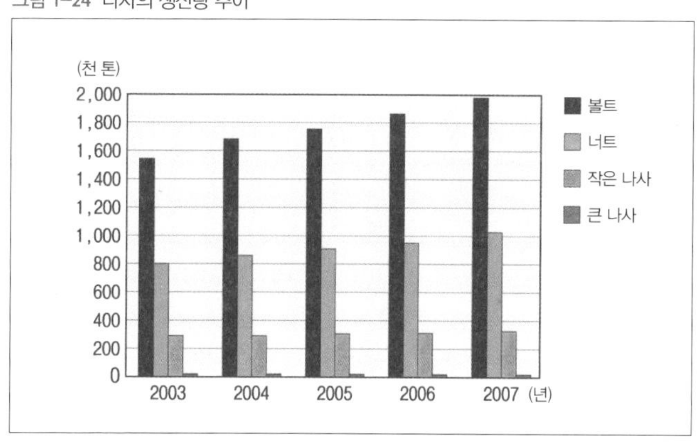

작은 나사는 지름이나 길이가 1㎜만 다르면 다른 종류로 분류된다. 또 같은 형태라도 재질이 다르면 다른 종류로 분류된다. 작은 나사의 종류를 정확히 분류하기는 어렵지만, 가령 규격품만 해도 수십만 종류에 이른다. 특수 나사를 합치면 그 종류는 더욱 늘어난다. 그리고 이러한 나사를 제조하는 곳은 비교적 소수의 인원으로 운영되는 국내 작은 공장들로 수천 개에 달한다.

그런데 이러한 나사를 구입하고 싶은 사람들은 전국 각지에 흩어져 있으며 제각기 나사를 거래하고 있다. 그렇다면 나사의 유통은 어떻게 이루어지고 있을까? 예를 들어 개인이 공작을 위해 수십 개의 나사를 사용하고 싶을 때는 DIY 상점이나 철물 가게 등에서 구매할 수 있다. 그렇다면 DIY 상점이나 철물 가게는 어디에서 나사를 구입하고 있을까? 또 자동차나 가전제품을 조립하기 위한 나사를 10만 개 사고 싶을 때는 어디에서 어떤 경로로 나사를 살 수 있을까?

생산자부터 소비자에게 닿기까지 일련의 물품의 흐름을 유통이라고 한다. 그리고 소비자가 직접 생산자로부터 물건을 구매하는 것은 제한된 경우에만 가능하다. 나사의 경우에 앞에서 예시로 든 10만 개가 모두 같은 종류의 나사라면 직접 그를 제조하는 작은 공장에 주문할 수 있을지도 모른다. 하지만 10만 개의 나사의 종류나 크기가 다르고 여러 개의 작은 공장에서 각각 제조하고 있다면 그것들을 입수하는 데에는 번거로움이 따를 것이다.

그래서 등장한 것이 생산자의 상품을 모아서 소매업자에게 판매하는 도매업자(이를 도매상이나 상사라고도 한다)이다. 또 일반적으로 도매업자와 최종 소비자 사이에서 판매를 맡는 소매업자가 있다. 이러한 도매업자와 소매업자를 합쳐서 유통업자라고도 한다.

또 이들 사이에는 물류를 담당하는 운송 · 창고업자 등도 존재한다. 이러한 내용을 고려하면 나사의 유통 흐름은 **그림 1-25**와 같이 표현할 수 있다. 도매업자의 역할을 하는 나사 상사 덕분에 소비자는 한 번의 쇼핑으로 여러 개의 나사를 구매할 수 있다.

그림 1-25 나사의 유통

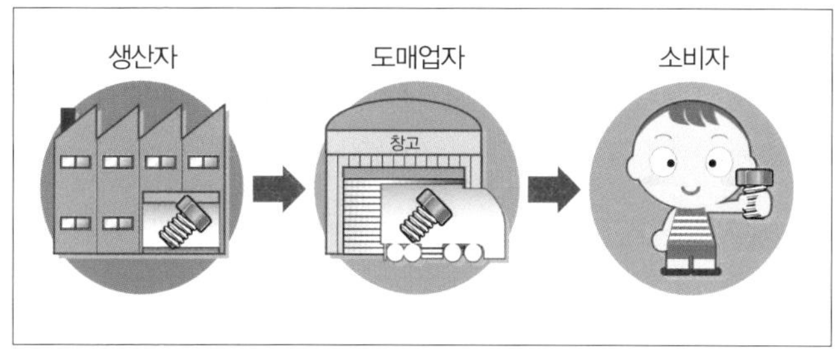

나사는 다른 산업에서 다루는 상품과 비교해도 취급하는 상품의 종류가 매우 많아서 유통도 쉽지 않다. 전국 각지에서 쏟아지는 다양한 나사 주문에 대응하기 위해서는 수많은 나사를 상시 재고로 확보해야 한다. 하지만 수만 종류의 나사 재고를 보유하고 있어도 빈번히 거래되는 나사의 재질이나 치수는 어느 정도 한정되어 있다. 1년에 단 하나도 팔리지 않는 종류의 나사도 있다. 또 10만 종류의 재고를 보유하고 있어도 제대로 종류별로 분류되어 있지 않으면 특정 종류를 찾아내는 데 시간이 걸린다. 나사 업계에서도 손꼽히는, 약 40만 종류의 재고를 보유하고 있는 산코인더스트리는 물류 시스템의 정보화를 선도하여 재고 관리부터 구매 · 주문까지 종합적으로 관리하고 즉시 납품할 수 있는 체제를 바탕으로 신속하고 정확한 서비스를 제공하고 있다.

나사 업계의 잡지

특정 업계의 사업주, 종업원, 거래처를 위해 발행되는 신문을 업계 전문지라고 한다. 제1장을 마무리하기 전에 나사 관련 업계 전문지에 대해서 알아보자. 최근에는 모든 기업이 인터넷에도 기사를 게재하므로 해당 기사들만 둘러봐도 나사 업계의 저변이 넓다는 사실을 알 수 있다.

『금속산업신문』(http://www.neji-bane.jp/)은 1946년 창간된 나사 · 스프링 업계 전문지로 나사업계의 최신 뉴스와 나사에 대한 각종 통계 데이터 등을 편집한다.

『퍼스닝 저널』(http://www.nejinews.co.jp/)은 1960년 창간된 전국 압정나사신문사를 2003년 개칭한 나사 업계 전문지로 나사 업계의 최신 뉴스와 나사 기업 검색, 나사 제품 검색, 자료 통계 등을 싣고 있다.

The Fastening Journal
ファスニングジャーナル(旧全国鋲螺新聞社)

그림 1-26 나사의 업계 전문지

金属産業新聞

未来プロのパンフ完成

㈳ねじ協 目的など詳しく説明

産業力強化と地位向上めざして

"ラピス"

ファスニングジャーナル

秋に創立60周年式典を

東鋲協第49回総会

大鋲協経営委

第2期社長塾スタート

経営力の向上を目指す

나사를 알다

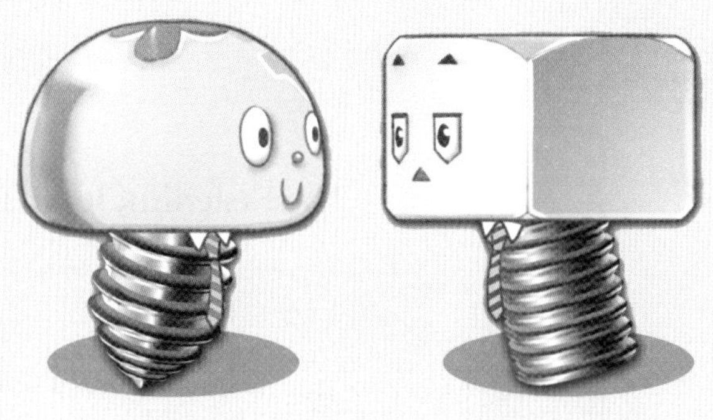

다양한 종류의 나사를 살펴봤으니 제2장에서는 구체적인 나사의 기술에 관해 알아보자.

2-1 나사란 무엇인가?

'나사란 무엇인가'라는 질문을 받으면 어떻게 대답해야 할지 선뜻 입이 떨어지지 않을 것이다. 원통이나 원뿔 등의 면을 따라 볼록하거나 오목한 홈을 나선형으로 판 형태가 나사의 기본이 된다.

이 나선을 쉽게 상상할 수 있도록 간단한 실험을 해 보자. 종이에 직각삼각형을 그려서 잘라 낸 후 말아서 원통을 만들어 보자. 그러면 경사면이 있는 곡선이 만들어진다. 이 곡선을 나사선이라고 하며 이를 따라 덧그리면 수나사가 만들어진다. 그리고 이 수나사와는 반대로 원통의 구멍 안쪽에 나사산이 있는 것을 암나사라고 한다.

그림 2-1 나사선과 경사면

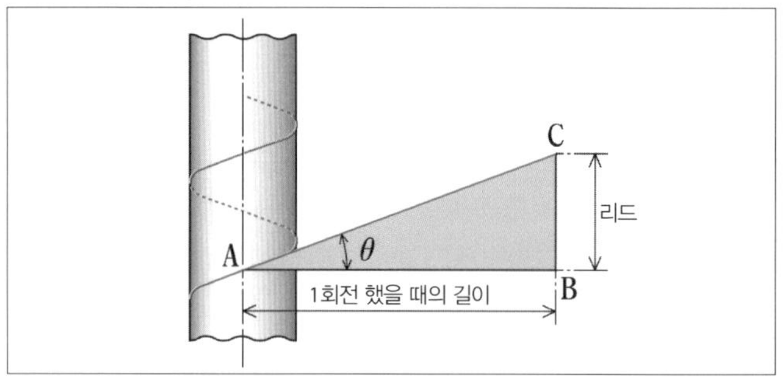

나사선의 방향은 오른쪽인 경우가 많으며 이를 오른나사라고 한다. 나사선의 방향이 왼쪽인 왼나사는 오른나사로는 꽉 조이지 못하는 곳에 사용된다.

또 이웃하는 나사산의 거리를 피치, 나사를 1회전 시켰을 때 축 방향으로 움직이는 거리를 리드라고 한다. 일반적인 나사의 경우, 피치와 리드의 길이는 같으며 이를 한 줄 나사라고 한다.

그리고 수나사와 암나사의 각 부위의 명칭을 알아 두자. 나사의 크기는 바깥지름과 안지름으로 나타내는데, 일반적으로는 수나사는 바깥지름, 암나사는 안지름을 나사의 호칭 지름으로 표시한다. 또 나사골의 폭이 나사산의 폭과 같아지도록 한 가상 원통의 지름을 유효 지름이라고 하며 나사의 강도 계산 시에 사용한다.

그림 2-2 나사의 각 부위 명칭

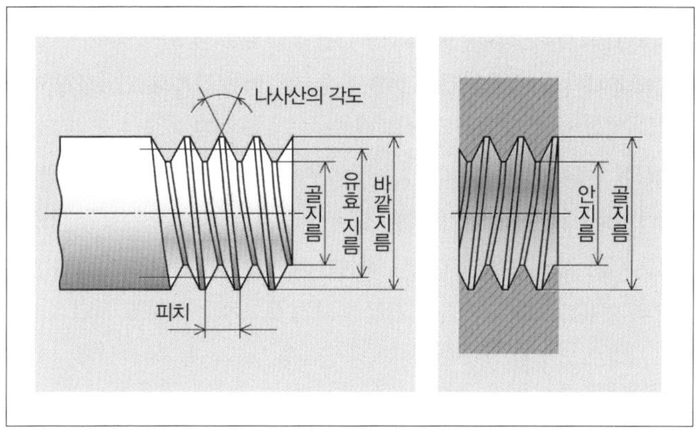

지금까지 설명한 내용은 주로 나사산에 관한 내용이었다. 나사에는 머리부와 나사 선단 끝의 형상 등에도 차이가 있다. 일반적으로 수나사는 나사산이 있는 축, 나사 선단의 끝, 나사 머리부의 머리 그리고 머리와 축을 연결하는 목이라는 부분으로 구성된다.

영어로도 나사산은 thread(스레드), 나사 전체를 screw(스크류)라고 구분한다. 또 고정 장치의 총칭으로 fastener(파스너)가 있으며 나사 산업을 일반적으로 지칭하는 의미로도 사용된다.

이어서 나사의 표기에 대해서도 정리해 보자. 먼저 일본어로 'ねじ(나사)'인지 'ネジ(나사)'인지에 대한 문제가 있다. 어느 쪽이든 틀린 것은 아니지만, 앞에서 이야기한 바와 같이 나사를 나타내는 영어 단어는 별도로 존재하며 '나사'는 외래어가 아니다. 그래서 이 책에서는 'ねじ(나사)'라는 표기를 사용하기로 한다.

그렇다면 '나사(ねじ)'라는 말의 어원은 무엇일까? 바로 떠올릴 수 있는 분들도 많겠지만, 'ねじ(일본어 발음 '네지')'는 '비틀다'라는 뜻의 'ねじる(일본어 발음 '네지루')'라는 단어에서 유래했다. 여기서 'ねじる(비틀다)'를 한자로 표기하면 '捻る', '捩る'가 되기 때문에 '捻子'나 '捩子'라고 쓰고 '나사'라고 읽기도 한다. 또 '螺子'라고 표기하는 일도 있는데 이는 나사산을 나타내는 '螺旋(나선)'에서 온 것으로 추측된다. 참고로 '子'라는 글자는 단순하게 작다는 의미일 것이다.

그런데 나사를 만들고 있는 공장 등에서는 회사 이름에 '○○鋲螺, □□精螺, △△螺旋' 등과 같이 어려운 한자를 사용하는 곳도 많다. 각각 일본어로 '뵤라', '세이라', '라센'이라고 읽는데 누구나 쉽게 읽을 수 있는 한자는 아니다. 특히 '螺旋'이라는 한자를 쓸 수 있는 사람은 극히 드물 것이다. 최근에는 나사 제조 공장의 감소나 한자가 어려워서 일반인이 읽을 수 없다는 등의 이유로 이러한 이름을 가진 회사는 줄고 있는 것으로 보인다. 하지만 혹시라도 공장의 간판에서 이러한 글자를 발견하면 '아, 여기는 나사를 만드는 곳이구나.'라고 생각해 주기 바란다.

2-2 나사의 작용

그렇다면 여기서 다시 한번 나사의 작용에 대해 정리해 보자. 만약 누군가가 "나사는 우리 주변에 왜 이렇게 많이 존재할까요? 그리고 나사가 없으면 곤란해질까요?" 하고 묻는다면 어떻게 대답해야 할까? 만약 이 질문에 제대로 설명할 수 있다면 '나사가 우리의 삶을 지탱하고 있다.'는 사실을 다시 한번 느낄 수 있을 것이다.

① 나사는 체결에 사용된다

기계나 구조물, 건축물 등은 하나의 부품이 아니라 여러 개의 비품을 조합함으로써 우리 생활을 풍요롭게 한다. 조각처럼 절삭공구를 이용해 덩어리 형태의 소재를 깎으면서 부품을 만들 수도 하지만, 복잡한 기계를 모두 이 방법으로 만들어 낼 수는 없다. 다시 말해 각종 가공 방법으로 만들어진 부품을 어디선가 체결이나 접합함으로써 성형해 나가는 것이 일반적인 방법이며, 그 대표적인 기계요소가 바로 나사인 것이다.

그림 2-3 나사는 체결에 사용된다

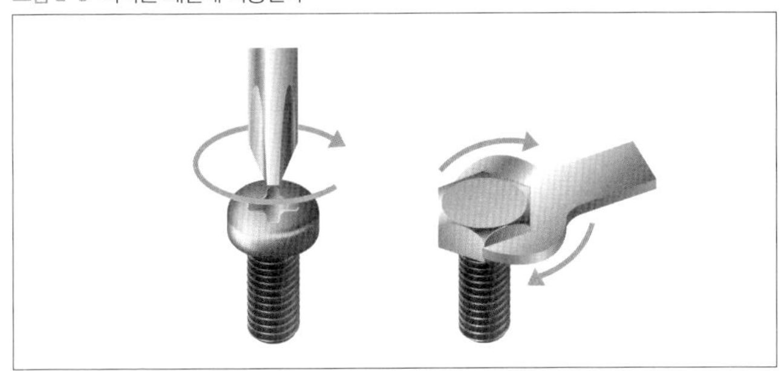

물론 부자재의 체결에는 용접이나 접착제를 이용하는 방법 등도 있다. 다만 간편하고 튼튼하게 부자재를 체결하고자 한다면 나사는 좋은 선택지가 된다. 그 상세한 이유에 대해서는 지금부터 항목별로 알아보자.

② 나사는 운동 전달에 사용된다

나사의 작용이 체결 다음으로 운동 전달이라고 하면 고개를 갸웃할지도 모르지만, 나사는 체결뿐만 아니라 운동 전달에 사용되기도 한다. 공작 기계의 회전축 등을 보면 단면이 사각형이나 사다리꼴인 나사가 움직여서 그것에 연동된 공구대 등이 움직이는 모습을 볼 수 있다. 제1장의 역사 부분에서 소개한 포도 착즙기의 나사 프레스 등도 이러한 용도이다.

그림 2-4 나사는 운동 전달에 사용된다

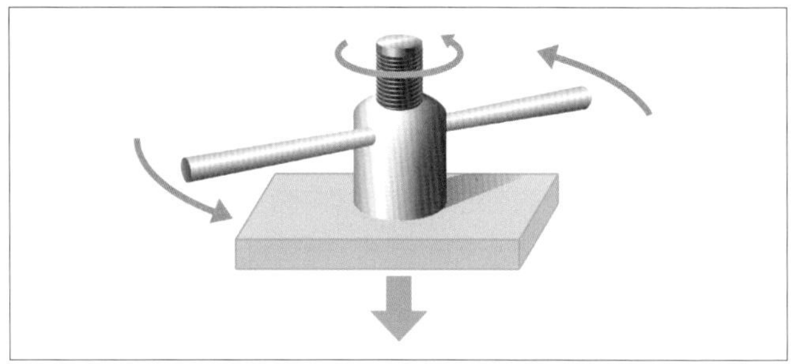

③ 나사는 계측에 사용된다

이 또한 의외의 활용법일 수도 있는데 나사는 계측에도 사용된다. 1/100밀리까지의 길이 측정을 비교적 쉽게 할 수 있는 마이크로미터는 내부에 정밀하게 골이 파인 나사가 있어서 나사의 회전을 변위로 환산함으로써 길이 측정이 가능하다.

이처럼 나사는 체결을 중심으로 다양하게 사용되고 있는데 앞으로는 제품의 재활용 관점에서 더욱 주목받을 것으로 보인다. 가전제품이나 자동차 등에는 금속 부품끼리는 물론이고 금속 부품이나 플라스틱 부품과 같이 다

그림 2-5 나사는 계측에 사용된다

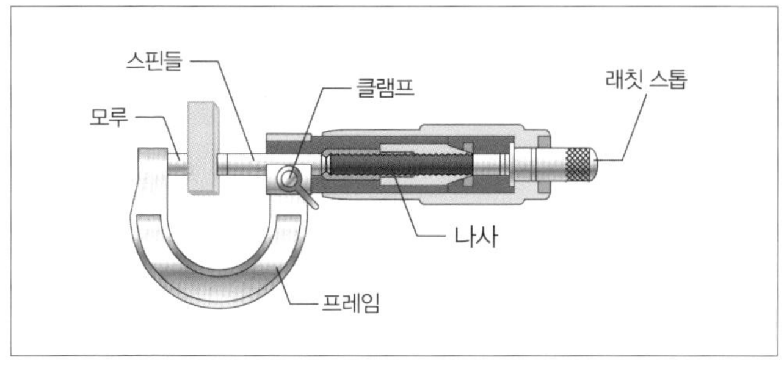

른 재료를 조합하여 만들어진 부분이 많다. 2001년 4월에 시행된 가전 재활용법, 2005년 4월에 시행된 자동차 재활용법 등으로 인해 제품을 쉽게 해체할 필요가 있다. 그러므로 접착제로 고정하는 것보다는 나사로 고정하는 편이 제품을 해체하기에 쉬울 것이다.

그림 2-6 재활용 관점에서도 주목받는 나사

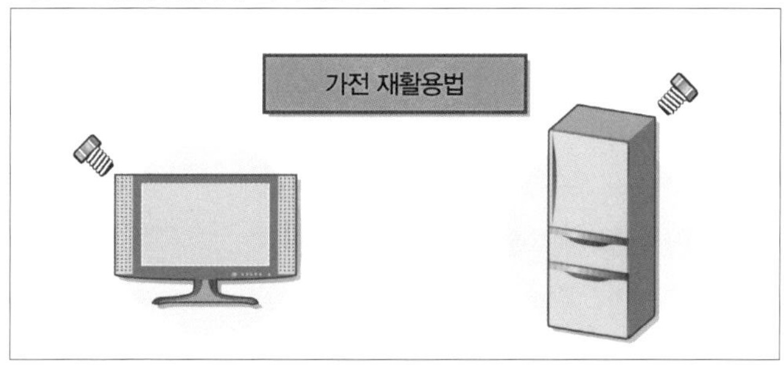

2-3 작은 나사

수나사 중에서 바깥지름이 8㎜ 이하인 나사를 일반적으로 작은 나사라고 부르며, 머리부의 형상이나 머리 선단부 등의 차이에 따라 분류한다.

① 머리부 형상

머리부 형상의 종류로 ISO에서는 치즈, 냄비, 접시, 둥근 접시의 4종류, JIS에서는 이들 외에 트러스, 바인딩, 둥근 머리, 납작 머리, 둥근 납작 머리의 5종류로 분류한다. 실제로 유통되고 있는 종류는 윗면의 각에 둥글기가 붙은 냄비, 윗면이 평탄하고 자리면이 원뿔형인 접시, 접시의 윗면에 약간의 둥글기가 붙은 둥근 접시, 공의 윗부분을 잘라 낸 듯한 둥글기를 지닌 트러스, 머리부가 사다리꼴로 윗면에 둥글기가 붙은 바인딩 등이 중심이다. 이외에 치즈, 둥근 머리, 납작 머리, 둥근 납작 머리는 실제로는 거의 유통되지 않는다.

그림 2-7 머리부 형상(시장성이 있는 종류)

그림 2-8 냄비 머리

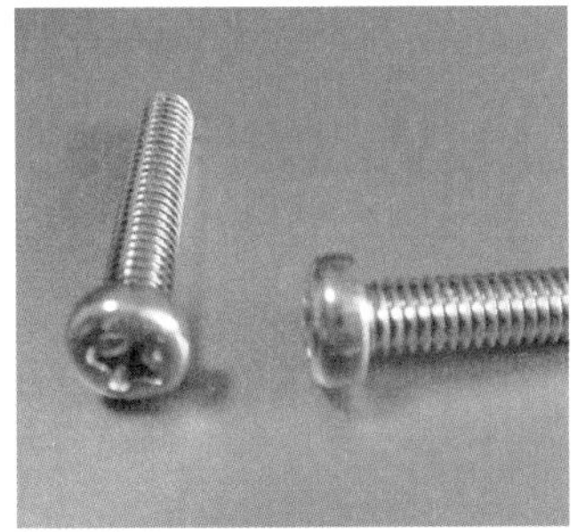

그림 2-9 접시 머리

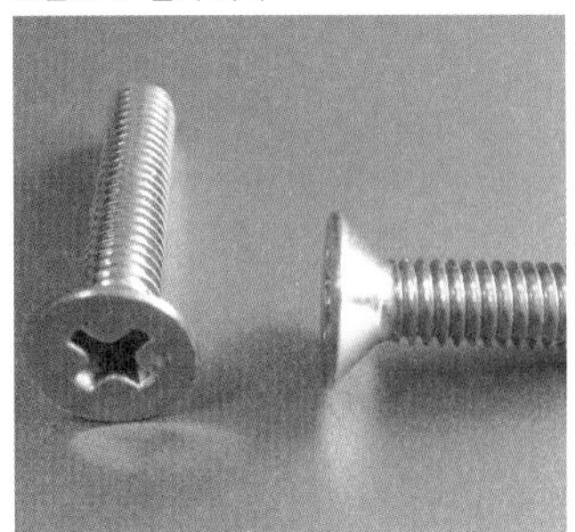

그림 2-10 둥근 접시 머리

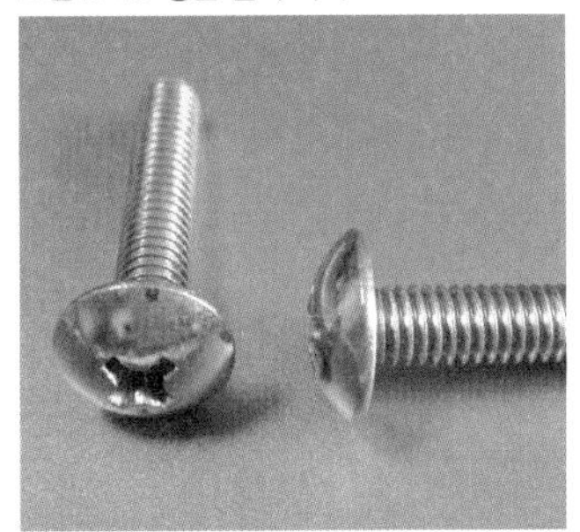

그림 2-11 트러스 머리

그림 2-12 바인딩 머리

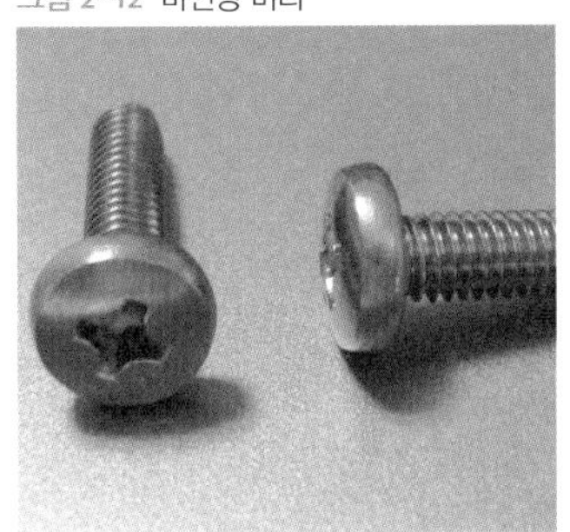

그림 2-13 치즈 머리

그림 2-14 머리부 형상(시장성이 없는 종류)

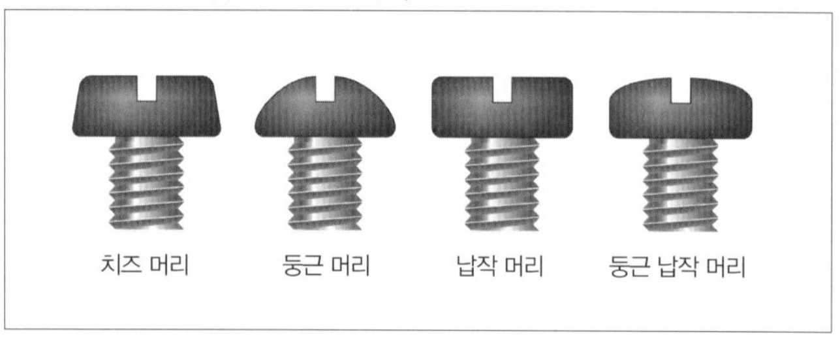

그리고 나사의 길이를 나타낼 때는 M4×10과 같이 나사산의 기호와 호칭 지름에 ×를 붙이고 그다음에 길이를 표기한다. 일반적으로 나사의 머리부는 치수에 더하지 않지만, 머리부가 부자재 속으로 들어가도록 사용하는 접시 머리는 머리부의 치수를 더해서 길이를 나타내야 한다. 헷갈리기 쉬운 부분이므로 잘 기억해 두자.

그림 2-15 냄비 작은 나사와 접시 작은 나사의 표기

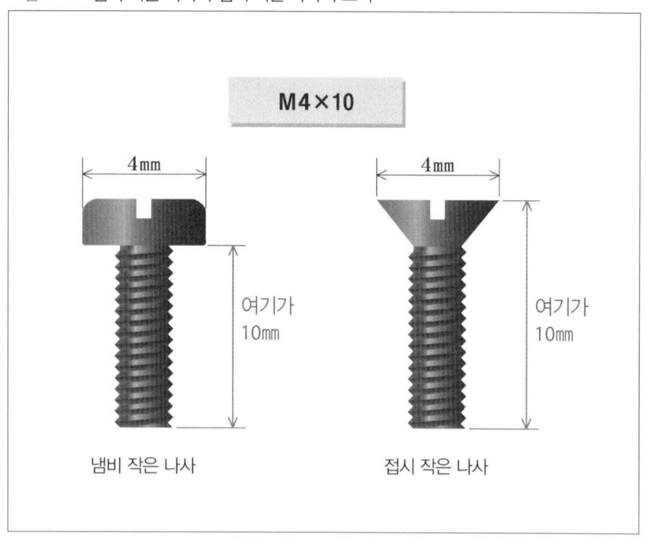

② 머리부 선단의 형상

머리부 선단의 형상으로는 +자 홈붙이 타입(플러스)과 홈붙이 타입(마이너스)이 있다. 하지만 최근에는 +자 홈붙이 타입이 대부분이고 홈붙이 타입은 거의 보이지 않게 되었다.

그림 2-16 +자 홈붙이와 홈붙이

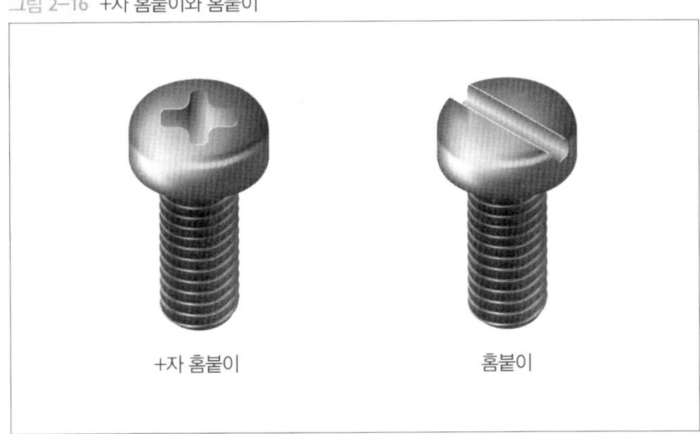

홈붙이 타입이 사용되지 않게 된 이유로는 드라이버로 나사를 조일 때 마이너스 모양과 홈이면 드라이버가 옆으로 빠질 수 있다. 혹은 조이는 힘이 너무 크면 홈붙이가 찌그러져 버리는 일 등이 생겨서이다. 이러한 현상을 캠 아웃이라고 한다. +자 홈붙이 타입이라도 위에서 누르는 힘이 작으면 돌리던 드라이버가 떠서 빠져 버리는 캠 아웃 현상으로 인해 홈이 찌그러지기도 한다. 그러나 홈붙이 타입에 비하면 접촉 부분이 많아서 그래도 안정적이다.

자동 조립 공장 등에서는 자기(磁氣)의 힘으로 드라이버가 나사와 접촉하여 자동으로 나사 고정 작업을 하는 일도 많다. 이럴 때도 +자 홈으로 체결할 수 있는 +자 홈붙이가 있는 편이 확실하다.

JIS에서는 +자 구멍의 형상을 다음의 3종류로 규정하고 있다. 실제로 이용되고 있는 대부분은 H형이다.

그림 2-17 +자 구멍의 형상

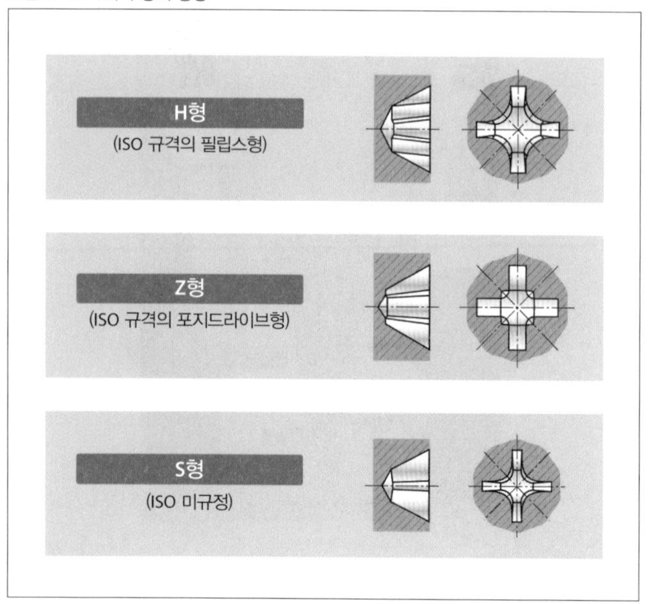

이처럼 실용적으로는 +자 홈붙이 타입의 용도가 많아지고 있지만 여전히 홈붙이 타입을 원하는 사람들도 존재한다. 고풍스러운 카메라나 기타, 오디오나 자동차, 가구 등을 수리해서 복원하려는 사람들이다. 이들은 나사 하나까지 신경 써서 제조 초기에 사용되었던 것과 똑같은 홈붙이 나사를 찾는다고 한다. 하지만 홈붙이 나사를 새롭게 소량으로 생산하려면 비용이 많이 들기 때문에 가격이 급등할 수밖에 없다.

작은 나사의 머리부 형상을 기존 규격품보다 얇게 만든 것으로 낮은 머리 나사가 있다. 낮은 머리 나사의 규격은 아직 통일되지 않았기 때문에 각 제조사의 독자적인 규격 치수로 제품화되고 있다. 낮은 머리 나사의 용도의 대부분은 공간 절약이다. 이 밖에도 뛰어난 디자인성을 살린 장식용이라는 의미도 있다. 최근 개발이 활발해지고 있는 소형 휴머노이드 로봇 개발 등에서도 낮은 머리 나사의 용도가 증가하고 있다.

그림 2-18 휴머노이드 로봇

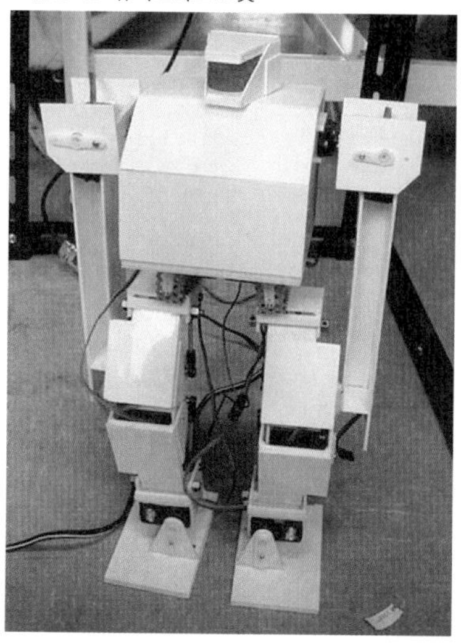

왜 로봇 개발에서는 나사 하나까지 고집할까? 소형 휴머노이드 로봇은 금속판이나 수지판으로 제작되는 일이 많은데 나사로 고정하면 아무래도 나사 머리가 볼록하게 튀어나온다. 이는 로봇의 움직임에 불편을 초래할 수도 있기 때문에 공간 절약을 위해 낮은 머리 나사를 사용하게 된 것이다.

그림 2-19를 보면 낮은 머리 나사는 일반적인 작은 나사에 비해 머리 두께가 얇은 것을 알 수 있다. 머리부의 두께에 따라 +자 구멍이나 6각 구멍의 바닥이 나사 축부까지 닿는 종류도 있다. 그래서 조일 때 머리가 튀거나 충분한 체결 토크를 얻을 수 있을지에 대한 우려도 있으므로 큰 토크가 필요한 곳에서 사용할 때는 강도 측면에서 충분한 검토가 필요하다.

일반적으로 사용되는 나사의 머리 모양은 +자나 6각이 많아지고 있지만, 일부러 특수한 형상으로 만든 나사 머리도 있다. 우리 주변에서는 휴대전화나 PC, 가정용 게임기 등에서 특수한 형상의 나사를 볼 수 있다. 쉽게 나사를 풀지 못하도록 하기 위한 목적으로 만들어진 나사를 TRF 나사라고 한다. 특수 나사를 분리하기 위해서는 그에 맞는 드라이버를 사야 하므로 이

그림 2-19 낮은 머리 나사와 일반 나사

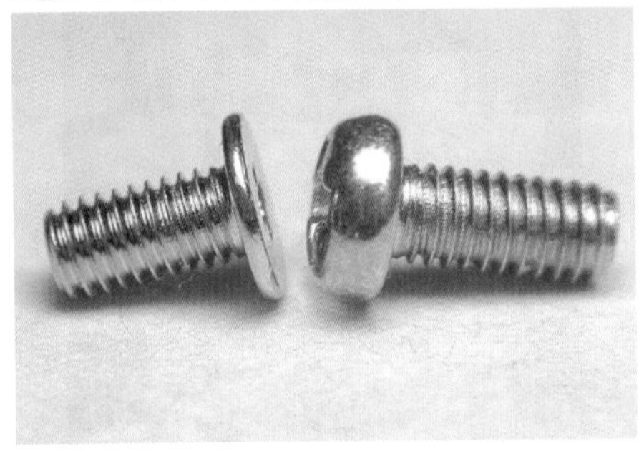

그림 2-20 낮은 머리 나사

낮은 머리 납작 작은 나사

낮은 머리 납작 6각 작은 나사

나사들은 방범 역할을 할 수도 있다. 하지만 안타깝게도 최근에는 TRF 나사용 드라이버도 DIY 샵 등에 가면 팔기 때문에 방범 효과는 그다지 높지 않다.

그런데 만약 어떠한 나사 머리 형상을 발명해서 그것을 널리 알리려면 그에 맞는 드라이버도 널리 알려야만 한다. 나사 머리의 종류는 이미 충분하다고 생각할 수 있지만, 지금도 좀 더 가볍고 좀 더 튼튼한 나사 머리를 고안하기 위한 연구가 이루어지고 있으며, 그에 관한 특허 등도 출원되고 있다. 만약 자신이 연구원이라면 어떤 나사 머리를 발명하고 싶은지 고민해 보는 것도 즐거운 상상일 것이다.

그림 2-21 여러 가지 형태의 나사 머리

③ 나사 끝의 형상

나사 끝의 형상에도 몇몇 종류가 있다. 일반적인 것은 나사부 선단에 45도의 모떼기를 해서 끝을 평평하게 한 납작 끝이다. 이는 나사 끝이 접촉하는 부자재를 손상시키지 않는다는 특징이 있다. 나사 끝을 모떼기하지 않은 것을 거친 끝, 나사부 끝면이 절단한 그대로 끝부의 각을 거의 나사골 지름까지 모떼기한 것을 모떼기 끝, 나사부 끝을 둥글게 한 것을 둥근 끝이라고 한다. 또 나사 끝부를 90도의 원뿔 모양으로 뾰족하게 한 것을 전체 뾰족 끝, 전체 뾰족 끝의 끝을 약간 잘라 낸 것을 뾰족 끝, 나사부 끝면의 중앙을 오목하게 한 것을 오목 끝, 나사부 끝에 나사 호칭 지름의 1/2과 같은 길이의 원통부가 있는 것을 원통 끝, 나사부 끝에 나사부 호칭 지름의 1/4과 같은 길이의 원통부가 있는 것을 반원통 끝, 나사 끝에 칼날 모양의 홈을 붙인 절삭날 끝 등이 있다.

그림 2-22 나사 끝의 형상

2-4 대표적인 나사산

이번에는 JIS에서 규정하고 있는 대표적인 나사의 종류에 대해서 조금 더 자세히 살펴보자. 여기서는 주로 나사산의 차이를 중심으로 분류했다.

표 2-1 JIS에서 규정하는 대표적인 나사

<table>
<tr><th colspan="2">구분</th><th colspan="2">나사의 종류</th><th>나사의 종류를 나타내는 기호</th><th>관련된 JIS 번호</th></tr>
<tr><td rowspan="14">일반용 나사</td><td rowspan="10">ISO 규격에 있는 것</td><td colspan="2">미터 보통 나사</td><td rowspan="2">M</td><td>JIS B 0205</td></tr>
<tr><td colspan="2">미터 가는 나사</td><td>JIS B 0207</td></tr>
<tr><td rowspan="3">관용 테이퍼 나사</td><td>테이퍼 수나사</td><td>R</td><td rowspan="3">JIS B 0203</td></tr>
<tr><td>테이퍼 암나사</td><td>Rc</td></tr>
<tr><td>평행 암나사</td><td>Rp</td></tr>
<tr><td colspan="2">관용 평행 나사</td><td>G</td><td>JIS B 0202</td></tr>
<tr><td colspan="2">유니파이 일반 나사</td><td>UNC</td><td>JIS B 0206</td></tr>
<tr><td colspan="2">유니파이 가는 나사</td><td>UNF</td><td>JIS B 0208</td></tr>
<tr><td colspan="2">미니어처 나사</td><td>S</td><td>JIS B 0201</td></tr>
<tr><td colspan="2">미터 사다리꼴 나사</td><td>Tr</td><td>JIS B 0216</td></tr>
<tr><td rowspan="4">ISO 규격에 없는 것</td><td rowspan="2">관용 테이퍼 나사</td><td>테이퍼 나사</td><td>PT</td><td rowspan="2">JIS B 0203 의 부속서</td></tr>
<tr><td>평행 암나사</td><td>PS</td></tr>
<tr><td colspan="2">관용 평행 나사</td><td>PF</td><td>JIS B 0202 의 부속서</td></tr>
<tr><td colspan="2">29도 사다리꼴 나사</td><td>TW</td><td>JIS B 0222</td></tr>
<tr><td colspan="2" rowspan="8">특수용 나사</td><td colspan="2">후강 전선관 나사</td><td>CTG</td><td rowspan="2">JIS B 0204</td></tr>
<tr><td colspan="2">박강 전선관 나사</td><td>CTC</td></tr>
<tr><td rowspan="2">자전거 나사</td><td>일반용</td><td rowspan="2">BC</td><td rowspan="2">JIS B 0225</td></tr>
<tr><td>스포크용</td></tr>
<tr><td colspan="2">재봉틀용 나사</td><td>SM</td><td>JIS B 0226</td></tr>
<tr><td colspan="2">전구 나사</td><td>E</td><td>JIS C 7709</td></tr>
<tr><td colspan="2">자동차용 타이어 밸브 나사</td><td>TV</td><td>JIS D 4208 의 부속서</td></tr>
<tr><td colspan="2">자전거용 타이어 밸브 나사</td><td>CTV</td><td>JIS D 9422 의 부속서</td></tr>
</table>

① 미터 보통 나사

나사산이 60도의 삼각형을 이루는 3각 나사는 정밀한 가공이 쉽고 체결 후에 잘 느슨해지지 않는 특징이 있어서 널리 사용된다. 기호는 M이며 수나사의 바깥지름이 10㎜인 경우에는 M10이라고 표기한다. 수나사의 바깥지름과 암나사의 안지름을 총칭하여 나사의 호칭이라고 하며, JIS에서 규정하는 대표적인 3각 나사는 미터 보통 나사이다.

그리고 나사 호칭의 지름은 모두 값이 존재하는 것은 아니고 용도가 많은 치수를 중심으로 규정되어 있다. JIS에서는 1란을 우선적으로, 필요에 따라 2란, 3란을 사용하는 것을 권장한다. 예를 들어 3란의 M7, M9, M11 등 홀수의 호칭 지름은 되도록 사용하지 않도록 장려하고 있다.

그림 2-23 미터 보통 나사의 기준 산 모양

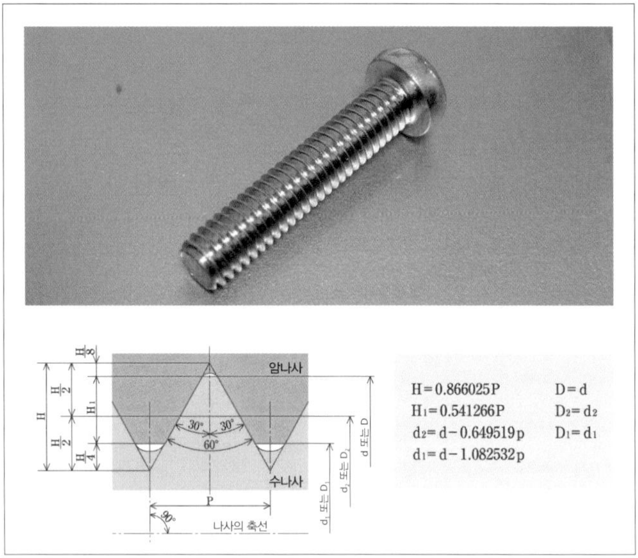

암나사
수나사
H
H/2
H/2
H/8
H₁
H/4
30°
30°
60°
P
90°
나사의 축선
d 또는 D
d₂ 또는 D₂
d₁ 또는 D₁
H=0.866025P
H1=0.541266P
d2=d−0.649519p
d1=d−1.082532p
D=d
D2=d2
D1=d1

표 2-2 미터 보통 나사의 기준 치수

단위: ㎜

나사의 호칭*(1)			피치	접촉 높이	암나사 골지름 D	암나사 유효 지름 D_2	암나사 안지름 D_1
1란	2란	3란	P	H1	수나사 바깥지름 d	수나사 유효 지름 d_2	수나사 골지름 d_1
M1			0.25	0.135	1.000	0.838	0.729
	M1.1		0.25	0.135	1.100	0.938	0.829
M1.2			0.25	0.135	1.200	1.038	0.929
	M1.4		0.3	0.162	1.400	1.205	1.075
M1.6			0.35	0.189	1.600	1.373	1.221
	M1.8		0.35	0.189	1.800	1.573	1.421
M2			0.4	0.217	2.000	1.740	1.567
	M2.2		0.45	0.244	2.200	1.908	1.713
M2.5			0.45	0.244	2.500	2.208	2.013
M3			0.5	0.271	3.000	2.675	2.459
	M3.5		0.6	0.325	3.500	3.110	2.850
M4			0.7	0.379	4.000	3.545	3.242
	M4.5		0.75	0.406	4.500	4.013	3.688
M5			0.8	0.433	5.000	4.480	4.134
M6			1	0.541	6.000	5.350	4.917
		M7	1	0.541	7.000	6.350	5.917
M8			1.25	0.677	8.000	7.188	6.647
		M9	1.25	0.677	9.000	8.188	7.647
M10			1.5	0.812	10.000	9.026	8.376
		M11	1.5	0.812	11.000	10.026	9.376
M12			1.75	0.947	12.000	10.863	10.106
	M14		2	1.083	14.000	12.701	11.835
M16			2	1.083	16.000	14.701	13.835
	M18		2.5	1.353	18.000	16.376	15.294
M20			2.5	1.353	20.000	18.376	17.294
	M22		2.5	1.353	22.000	20.376	19.294
M24			3	1.624	24.000	22.051	20.752
	M27		3	1.624	27.000	25.051	23.752
M30			3.5	1.894	30.000	27.727	26.211
	M33		3.5	1.894	33.000	30.727	29.211
M36			4	2.165	36.000	33.402	31.670
	M39		4	2.165	39.000	36.402	34.670
M42			4.5	2.436	42.000	39.077	37.129
	M45		4.5	2.436	45.000	42.077	40.129
M48			5	2.706	48.000	44.752	42.587
	M52		5	2.706	52.000	48.752	46.587
M56			5.5	2.977	56.000	52.428	50.046
	M60		5.5	2.977	60.000	56.428	54.046
M64			6	3.248	64.000	60.103	57.505
	M68		6	3.248	68.000	64.103	61.505

* 1란을 우선적으로, 필요에 따라서 2란, 3란의 순으로 선정한다.

※ JIS B 0205에서 발췌

② 미터 가는 나사

미터나사 중에서 보통 나사보다 피치(나사산의 간격)가 촘촘한 나사를 미터 가는 나사라고 한다. 기호는 미터 보통 나사와 같은 M이다. 예를 들어 M6의 미터 보통 나사의 피치는 1㎜, 같은 호칭 지름의 미터 가는 나사의 피치는 0.75㎜이다.

그림 2-24 미터 보통 나사와 미터 가는 나사

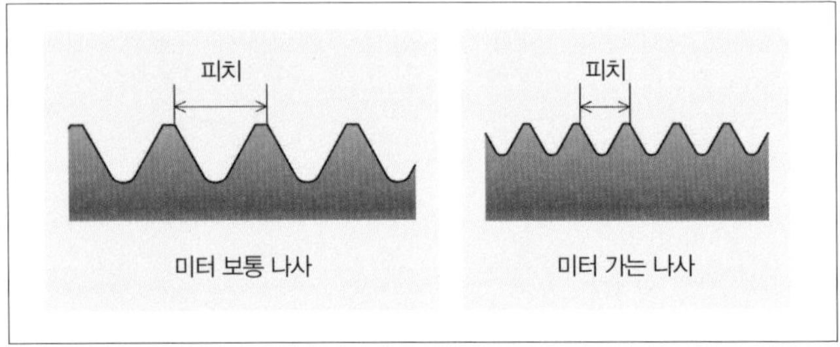

같은 호칭 지름의 나사를 같은 강도로 조이면 미터 가는 나사 쪽이 강하게 조여져서 체결 후에도 미터 보통 나사보다 잘 풀리지 않는다. 그래서 미터 가는 나사는 주로 정밀함이 필요한 곳이나 미세 조정이 필요한 곳, 얇팍하고 강도가 부족한 곳 등에 이용한다. 하지만 나사산 수가 많은 만큼 체결 시간이 길어지기 때문에 작업 효율은 높지 않다.

그림 2-25 미터 가는 나사의 기준 산 모양

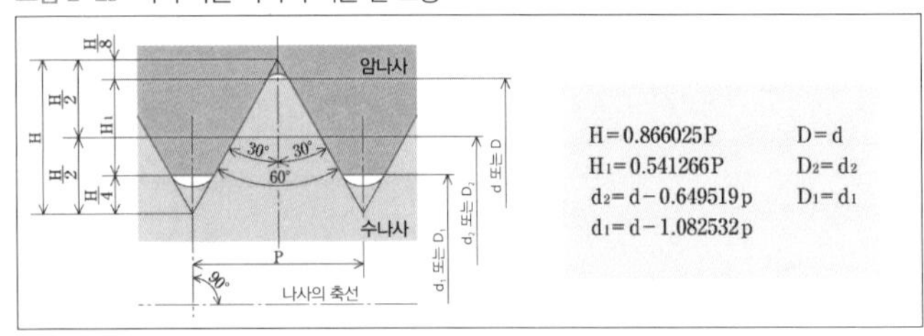

표 2-3 미터 가는 나사의 기준 치수

단위: mm

나사 호칭	피치	접촉 높이	암나사		
			골지름 D	유효 지름 D_2	안지름 D_1
			수나사		
	P	H1	바깥지름 d	유효 지름 d_2	골지름 d_1
M 1	0.2	0.108	1.000	0.870	0.783
M 1.1	0.2	0.108	1.100	0.970	0.883
M 1.2	0.2	0.108	1.200	1.070	0.983
M 1.4	0.2	0.108	1.400	1.270	1.183
M 1.6	0.2	0.108	1.600	1.470	1.383
M 1.8	0.2	0.108	1.800	1.670	1.583
M 2	0.25	0.135	2.000	1.838	1.729
M 2.2	0.25	0.135	2.200	2.038	1.929
M 2.5	0.35	0.189	2.500	2.273	2.121
M 3	0.35	0.189	3.000	2.773	2.621
M 3.5	0.35	0.189	3.500	3.273	3.121
M 4	0.5	0.271	4.000	3.675	3.459
M 4.5	0.5	0.271	4.500	4.175	3.959
M 5	0.5	0.271	5.000	4.675	4.459
M 5.5	0.5	0.271	5.500	5.175	4.959
M 6	0.75	0.406	6.000	5.513	5.188
M 7	0.75	0.406	7.000	6.513	6.188
M 8	1	0.541	8.000	7.350	6.917
M 8	0.75	0.406	8.000	7.513	7.188
M 9	1	0.541	9.000	8.350	7.917
M 9	0.75	0.406	9.000	8.513	8.188
M10	1.25	0.677	10.000	9.188	8.647
M10	1	0.541	10.000	9.350	8.917
M10	0.75	0.406	10.000	9.513	9.188
M11	1	0.541	11.000	10.350	9.917
M11	0.75	0.406	11.000	10.513	10.188
M12	1.5	0.812	12.000	11.026	10.376
M12	1.25	0.677	12.000	11.188	10.647
M12	1	0.541	12.000	11.350	10.917
M14	1.5	0.812	14.000	13.026	12.376
M14	1.25	0.677	14.000	13.188	12.647
M14	1	0.541	14.000	13.350	12.917
M15	1.5	0.812	15.000	14.026	13.376
M15	1	0.812	15.000	14.350	13.917
M16	1.5	0.812	16.000	15.026	14.376
M16	1	0.541	16.000	15.350	14.917
M17	1.5	0.812	17.000	16.026	15.376
M17	1	0.541	17.000	16.350	15.917
M18	2	1.083	18.000	16.701	15.835
M18	1.5	0.812	18.000	17.026	16.376
M18	1	0.541	18.000	17.350	16.917
M20	2	1.083	20.000	18.701	17.835
M20	1.5	0.812	20.000	19.026	18.376
M20	1	0.541	20.000	19.350	18.917
M22	2	1.083	22.000	20.701	19.835
M22	1.5	0.812	22.000	21.026	20.376
M22	1	0.541	22.000	21.350	20.917
M24	2	1.083	24.000	22.701	21.835
M24	1.5	0.812	24.000	23.026	22.376
M24	1	0.541	24.000	23.350	22.917
M25	2	1.083	25.000	23.701	22.835
M25	1.5	0.812	25.000	24.026	23.376
M25	1	0.541	25.000	24.350	23.917
M26	1.5	0.812	26.000	25.026	24.376
M27	2	1.083	27.000	25.701	24.835
M27	1.5	0.812	27.000	26.026	25.376
M27	1	0.541	27.000	26.350	25.917
M28	2	1.083	28.000	26.701	25.835
M28	1.5	0.812	28.000	27.026	26.376
M28	1	0.541	28.000	27.350	26.917
M30	3	1.624	30.000	28.051	26.752
M30	2	1.083	30.000	28.701	27.835
M30	1.5	0.812	30.000	29.026	28.376
M30	1	0.541	30.000	29.350	28.917
M32	2	1.083	32.000	30.701	29.835
M32	1.5	0.812	32.000	31.026	30.376
M33	3	1.624	33.000	31.051	29.752
M33	2	1.083	33.000	31.701	30.835
M33	1.5	0.812	33.000	32.026	31.376
M35	1.5	0.812	35.000	34.026	33.376
M36	3	1.624	36.000	34.051	32.752
M36	2	1.083	36.000	34.701	33.835
M36	1.5	0.812	36.000	35.026	34.376
M38	1.5	0.812	38.000	37.026	36.376
M39	3	1.624	39.000	37.051	35.752
M39	2	1.083	39.000	37.701	36.835
M39	1.5	0.812	39.000	38.026	37.376
M40	3	1.624	40.000	38.051	36.752
M40	2	1.083	40.000	38.701	37.835
M40	1.5	0.812	40.000	39.026	38.376
M42	4	2.165	42.000	39.402	37.670
M42	3	1.624	42.000	40.051	38.752
M42	2	1.083	42.000	40.701	39.835
M42	1.5	0.812	42.000	41.026	39.376
M45	4	2.165	45.000	42.402	40.670
M45	3	1.624	45.000	43.051	41.752
M45	2	1.083	45.000	43.701	42.835
M45	1.5	0.812	45.000	44.026	43.376
M48	4	2.165	48.000	45.402	43.670
M48	3	1.624	48.000	46.051	44.752
M48	2	1.083	48.000	46.701	45.835
M48	1.5	0.812	48.000	47.026	46.376
M50	3	1.624	50.000	48.051	46.752
M50	2	1.083	50.000	48.701	47.835
M50	1.5	0.812	50.000	49.026	48.376
M52	4	2.165	52.000	49.402	47.670
M52	3	1.624	52.000	50.051	48.752
M52	2	1.083	52.000	50.701	49.835
M52	1.5	0.812	52.000	51.026	50.376
M55	4	2.165	55.000	52.402	50.670
M55	3	1.624	55.000	53.051	51.752
M55	2	1.083	55.000	53.701	52.835
M55	1.5	0.812	55.000	54.026	53.376

※ JIS B 0207에서 발췌

부속서에 대해서

미터 보통 나사의 기준 치수에는 1란, 2란, 3란 옆에 부속서라는 칸이 있는데 1997년에 JIS 개정으로 삭제되었다. 구체적으로는 M1.7, M2.3, M2.6이라는, 언뜻 보면 어중간한 수치의 호칭 지름 나사이다. 삭제된다고 바로 없어지느냐 하면 그러지 못하는 사정이 있다. 이러한 치수의 나사는 전통적으로 카메라나 시계 등에 사용되어 온 치수이기 때문이다.

현재 JIS는 ISO와의 통일을 지향하고 있어서 ISO에 규정되지 않은 나사는 폐지되는 추세인데 지금까지 많이 사용되던 치수의 나사가 갑자기 없어지기는 어렵다. 나사를 만드는 쪽은 수요가 있으면 만들기 때문에 JIS에서 폐지된 나사라도 바로 없어지지 않는다. 한편 1란에 있고 적당한 크기인 M1.6이나 M2.5 등의 시장성은 그다지 크지 않다.

하지만 2004년 6월 공업표준화법이 개정되고 2005년 10월 1일부터 신 JIS 마크 표시 제도가 시행된 것에 대응하여 ISO에 준거하지 않는 오래된 JIS(구 JIS)는 그 후 3년까지만 사용할 수 있게 되었다. 여기에는 6각 볼트와 6각 너트 등 주요 나사도 포함되어 있어서 현장의 혼란이 우려되고 있다. ISO에 준거하지 않은 나사를 수출하려면, 무역 장애를 철폐하고 세계 무역의 확대를 도모하는 GATT(관세 및 무역에 관한 일반 협정)를 위반하고 있다며 WTO(세계무역기구)에 고소당할 우려가 있기 때문이다.

③ 관용 나사

관용 나사는 관용 부품이나 유체 기계 등 밀폐성이 필요한 부분의 연결에 사용된다. 주로 파이프 모양의 부품으로 나사를 만드는데, 미터나사보다 나사산의 높이가 낮고 피치는 더 촘촘하다. 그래도 접합부의 강도를 유지하기 위한 규격이며 나사산의 각도는 55도이다. 관용 테이퍼 나사에는 테이퍼 수나사(기호 R), 테이퍼 암나사(기호 Rc), 평행 암나사(기호 Rp)가 있어서 밀폐가 필요한 경우에 사용된다. 또 기계적 결합을 주로 고려한 관용 나사는 관용 평행 나사(기호 G)로, 기밀성은 고려되지 않는다.

그림 2-26 관용 나사

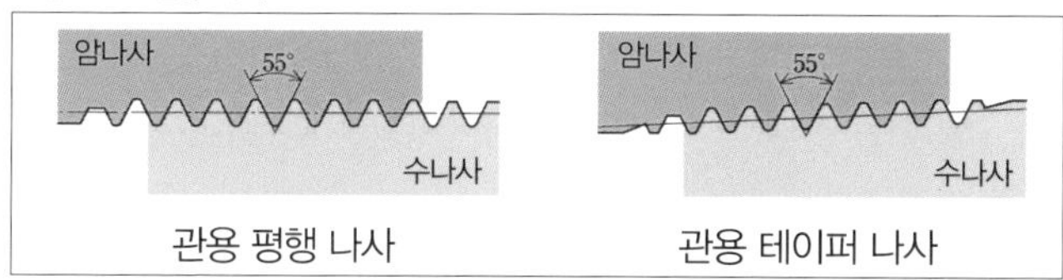

1982년 테이퍼 나사의 규격은 ISO에 따르기 때문에 JIS가 개정하여 명칭 및 기호가 변경되었다. 테이퍼 수나사, 테이퍼 암나사, 평행 암나사를 각각 접두사 R, Rc, Rp로 식별하기로 했다. ISO에 준거하기 이전에는 JIS의 해당 규격이 테이퍼 나사(수나사, 암나사 모두)를 PT, 평행 암나사를 PS로 불렀기 때문에 현재에도 관용적으로 구 호칭을 사용하기도 한다. 대부분 R · Rc · Rp와, PT · PS는 동의어지만 ISO에는 규정되지 않은 호칭 치수가 일부 있다.

관용 평행 나사와 관용 테이퍼 나사의 기준 산 모양과 기준 치수표를

표 2-4 대표적인 테이퍼 나사

나사의 종류		ISO 규격	구 JIS 규격	규격번호
관용 테이퍼 나사 (방수, 밀폐가 필요한 부분)	테이퍼 수나사	R	PT	JIS B 0203
	테이퍼 암나사	Rc	PT	
	평행 암나사	Rp	PS	
관용 평행 나사 (기계적 접합을 주목적으로 하는 부분)	관용 평행 수나사	G (A 또는 B를 단다)	PF	JIS B 0202
	관용 평행 암나사	G	PF	

아래의 그림으로 살펴보자. 또 관용 평행 나사는 JIS B 0202, 관용 테이퍼 나사는 JIS B 0203에서 일부 발췌했다.

그림 2-27 관용 평행 나사의 기준 산 모양

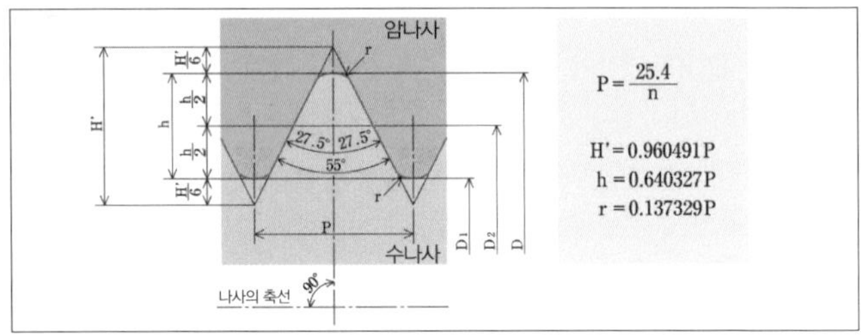

그림 2-28 관용 테이퍼 나사의 기준 산형

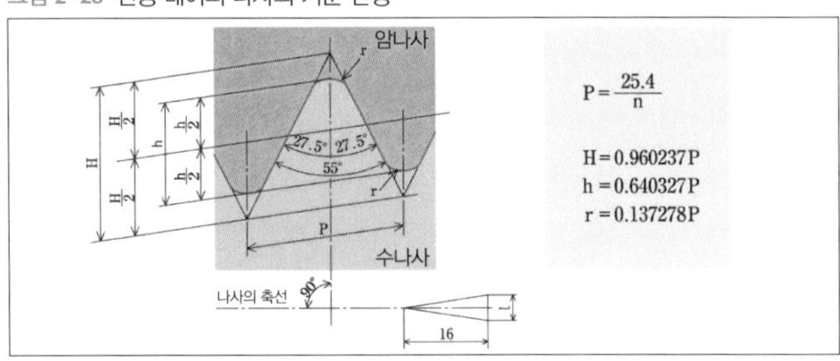

표 2-5 관용 평행 나사의 기준 수치표

단위: ㎜

나사 호칭		통칭 (분)	구 JIS 호칭	나사산 수 25.4㎜에 근거	피치 (참고)	나사산의 높이	나사 끝 및 골의 둥글기	수나사		
								바깥지름	유효 지름	골지름
								(d)	(d2)	(d1)
								암나사		
								골지름	유효 지름	안지름
인치	밀리			(n)	(P)	(h)	(r)	(D)	(D2)	(D1)
G 1/8	3	이치부	PF 1/8	28	0.9071	0.581	0.12	9.728	9.147	8.566
G 1/4	6	니부	PF 1/4	19	1.3368	0.856	0.18	13.157	12.301	11.445
G 3/8	10	삼부	PF 3/8	19	1.3368	0.856	0.18	16.662	15.806	14.95
G 1/2	13	욘부	PF 1/2	14	1.8143	1.162	0.25	20.955	19.793	18.631
G 3/4	20	로쿠부	PF 3/4	14	1.8143	1.162	0.25	26.441	25.279	24.117

표 2-6 관용 테이퍼 나사의 기준 수치표

단위: ㎜

나사 호칭		통칭 (분)	구 JIS 호칭	나사산 수 25.4㎜에 근거	피치 (참고)	나사산의 높이	나사 끝 및 골의 둥글기	수나사		
								바깥지름	유효 지름	골지름
								(d)	(d2)	(d1)
								암나사		
								골지름	유효 지름	안지름
인치	밀리			(n)	(P)	(h)	(r)	(D)	(D2)	(D1)
1/8		이치부	PT 1/8	28	0.9071	0.581	0.12	9.728	9.147	8.566
1/4		니부	PT 1/4	19	1.3368	0.856	0.18	13.157	12.301	11.445
3/8		삼부	PT 3/8	19	1.3368	0.856	0.18	16.662	15.806	14.95
1/2		욘부	PT 1/2	14	1.8143	1.162	0.25	20.955	19.793	18.631
3/4		로쿠부	PT 3/4	14	1.8143	1.162	0.25	26.441	25.279	24.117

관용 나사의 호칭에는 인치계가 사용되므로 미터나사의 M10처럼 직관적으로 떠올리기가 쉽지 않다.

인치 나사의 호칭 지름은 1/4이나 3/8과 같이 분수로 표시하는 경우가 많다.

인치 나사의 지름 기준은 1/4이 M6보다 약간 굵은 약 6.3㎜, 3/8이 M10보다 약간 가는 약 9.5㎜, 1/2이 M12보다 약간 굵어서 약 12.7㎜이다. 즉 밀리미터로 환산하려면 25.4를 분모로 나누고 분자에 곱하면 된다. 그렇다면 이 분수는 무엇을 의미하는 걸까?

1인치를 기준으로 이를 1/8 단위로 나누어 1/8, 2/8, 3/8, 4/8, 5/8, 6/8, 7/8, 8/8로 구분한다. 일반적으로 지름이 25.4㎜인 나사라면 굵다고 느껴질 것 같은데 주변에서 흔히 볼 수 있는 작은 나사는 대부분 이보다 작다. 이 분수에서 약분할 수 있는 숫자를 약분해 보면 2/8=1/4이나 4/8=1/2이 된다. 즉 인치 나사의 바깥지름은 1인치를 8등분했을 때 몇 분의 몇인지를 생각해 보면 된다.

그리고 인치 나사의 호칭 지름을 상상하는 다음과 같은 요령이 있으니 기억해 두면 도움이 될 수 있다. 즉 1인치=25.4㎜라는 숫자를 보고, 이를 약 25.6=2의 8제곱으로 나눌 수 있다고 생각하면 25.6/32=0.8이 된다. 그리고

32분의 ○라는 부분을 0.8×○로 하면, 예를 들어 12/32인 3/8인치는 0.8×12=9.6이 되어 대략적인 바깥지름을 계산할 수 있다.

그림 2-29 인치 나사의 호칭 지름

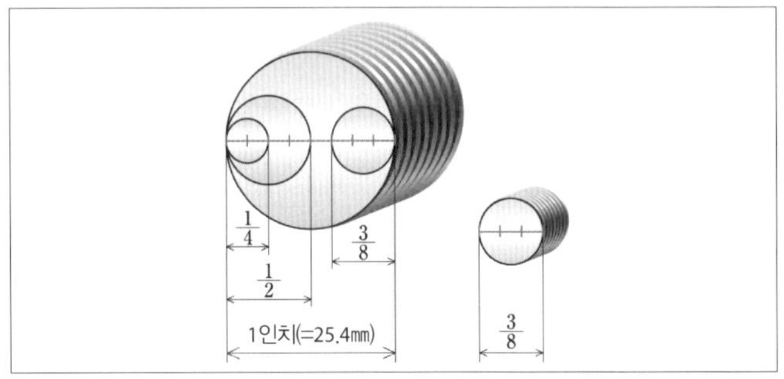

또 나사 업계의 용어로 표 2-7과 같은 인치 호칭에 대응하는 일본어식 읽기법이 존재한다. 이는 ○/8의 ○ 부분을 읽어서 3/8은 '산부(일본어로 3은 '산'이라고 한다. - 옮긴이)'라고 읽는 방법이다. 다만 1/2는 4/8이므로 '욘부(일본어로 4는 '욘'라고 한다. - 옮긴이)', 1/4는 2/8이므로 '니부(일본어로 2는 '니'라고 한다. - 옮긴이)'라고 읽으므로 주의해야 한다.

표 2-7 인치식 호칭과 일본어식 호칭

일본에서는 인치 수치를 '이치부(1푼)'이나 '이치부 고린(1푼 5리)'이라는 식으로 부른다.
1인치=25.4㎜를 8로 나눈 분수 읽기로 표기한다.

인치 호칭	밀리미터 환산	일본어식 호칭
1/8	3.17	이치부
3/16	4.76	이치부 고린
1/4	6.35	니부
5/16	7.93	니부 고린
3/8	9.52	산부
7/16	11.11	산부 고린
1/2	12.7	욘부
5/8	15.87	고부
3/4	19.05	로쿠부
7/8	22.22	나나부
1	25.4	1인치

④ 유니파이 나사

나사의 피치를 1인치(약 25.4㎜)당 나사산 수로 표시한 것을 인치 나사라고 한다. ISO에서 규정된 나사산의 각도가 60도인 보통 나사를 유니파이 보통 나사(UNC)라고 하고, 촘촘한 나사의 인치 나사를 유니파이 가는 나사(UNF)라고 한다. 인치 나사에서는 나사의 피치를 축 방향 1인치(약 25.4㎜)당 나사산 수로 표시한다. 특히 항공기 관련해서는 인치 나사가 많이 사용된다.

유니파이 나사의 기준 산 모양과 기준 수치표를 아래의 그림에 나타냈다. 유니파이 일반 나사는 JIS B 0206, 유니파이 가는 나사는 JIS B 0208에서 일부 발췌했다.

그림 2-30 인치 나사의 기준 산 모양

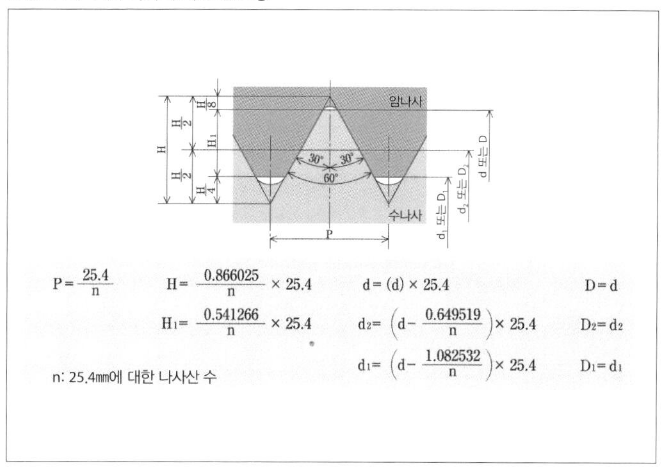

표 2-8 유니파이 보통 나사 기준 수치표

단위:mm

나사 호칭*		나사산 수 (25.4mm에 근거) n	피치 P (참고)	접촉 높이 H_1	암나사 골지름 D	암나사 유효 지름 D_2	암나사 안지름 D_1
1	2				수나사 바깥지름 d	수나사 유효 지름 d_2	수나사 골지름 d_1
	No. 1-64 UNC	64	0.3969	0.215	1.854	1.598	1.425
No. 2-56 UNC		56	0.4536	0.246	2.184	1.890	1.694
	No. 3-48 UNC	48	0.5292	0.286	2.515	2.172	1.941
No. 4-40 UNC		40	0.6350	0.344	2.845	2.433	2.156
No. 5-40 UNC		40	0.6350	0.344	3.175	2.764	2.487
No. 6-32 UNC		32	0.7938	0.430	3.505	2.990	2.647
No. 8-32 UNC		32	0.7938	0.430	4.166	3.650	3.307
No. 10-24 UNC		24	1.0583	0.573	4.826	4.138	3.680
	No. 12-24 UNC	24	1.0583	0.573	5.486	4.798	4.341
1/4 -20 UNC		20	1.2700	0.687	6.350	5.524	4.976
5/16 -18 UNC		18	1.4111	0.764	7.938	7.021	6.411
3/8 -16 UNC		16	1.5875	0.859	9.525	8.494	7.805
7/16 -14 UNC		14	1.8143	0.982	11.112	9.934	9.149
1/2 -13 UNC		13	1.9538	1.058	12.700	11.430	10.584
9/16 -12 UNC		12	2.1167	1.146	14.288	12.913	11.996
5/8 -11 UNC		11	2.3091	1.250	15.875	14.376	13.376
3/4 -10 UNC		10	2.5400	1.375	19.050	17.399	16.299
7/8 - 9 UNC		9	2.8222	1.528	22.225	20.391	19.169
1 - 8 UNC		8	3.1750	1.719	25.400	23.338	21.963
1 1/8 - 7 UNC		7	3.6286	1.964	28.575	26.218	24.648
1 1/4 - 7 UNC		7	3.6286	1.964	31.750	29.393	27.823

* 1란을 우선적으로, 필요에 따라 2란을 고른다. 참고란에는 나사의 호칭을 십진법으로 나타낸 것이다.

표 2-9 유니파이 가는 나사 기준 수치표

단위:mm

나사 호칭*		나사산 수 (25.4mm에 근거) n	피치 P (참고)	접촉 높이 H_1	암나사 골지름 D	암나사 유효 지름 D_2	암나사 안지름 D_1
1	2				수나사 바깥지름 d	수나사 유효 지름 d_2	수나사 골지름 d_1
No. 0-80 UNF		80	0.3175	0.172	1.524	1.318	1.181
	No. 1-72 UNF	72	0.3528	0.191	1.854	1.626	1.473
No. 2-64 UNF		64	0.3969	0.215	2.184	1.928	1.755
	No. 3-56 UNF	56	0.4536	0.246	2.515	2.220	2.024
No. 4-48 UNF		48	0.5292	0.286	2.845	2.502	2.271
No. 5-44 UNF		44	0.5773	0.312	3.175	2.799	2.550
No. 6-40 UNF		40	0.6350	0.344	3.505	3.094	2.817
No. 8-36 UNF		36	0.7056	0.382	4.166	3.708	3.401
No. 10-32UNF		32	0.7938	0.430	4.826	4.310	3.967
	No. 12-28 UNF	28	0.9071	0.491	5.486	4.897	4.503
1/4 -28 UNF		28	0.9071	0.491	6.350	5.761	5.367
5/16 -24 UNF		24	1.0583	0.573	7.938	7.249	6.792
3/8 -24 UNF		24	1.0583	0.573	9.525	8.837	8.379
7/16 -20 UNF		20	1.2700	0.687	11.112	10.287	9.738
1/2 -20 UNF		20	1.2700	0.687	12.700	11.874	11.326
9/16 -18 UNF		18	1.4111	0.764	14.288	13.371	12.761
5/8 -18 UNF		18	1.4111	0.764	15.875	14.958	14.348
3/4 -16 UNF		16	1.5875	0.859	19.050	18.019	17.330
7/8 -14 UNF		14	1.8143	0.982	22.225	21.046	20.262
1 -12 UNF		12	2.1167	1.146	25.400	24.026	23.109
1 1/8 -12 UNF		12	2.1167	1.146	28.575	27.201	26.284

* 1란을 우선적으로, 필요에 따라 2란을 고른다. 참고란에는 나사의 호칭을 십진법으로 나타낸 것이다.

⑤ 미니어처 나사

시계, 광학기기, 전기기기, 계측기 등에 이용하는 호칭 지름이 작은, 나사산의 각도가 60도인 나사를 미니어처 나사(JIS B 0201)라고 한다. 호칭 지름이 어느 정도로 작은 것을 미니어처 나사로 할지에 대해서 JIS에 명확한 규정은 없지만 ISO에서는 호칭 지름의 범위 0.3~1.4㎜로 규정하고 있다. 다만 호칭 지름 1~1.4㎜의 미니어처 나사는 시계 공업 등에서 특히 필요한 경우에 한해 사용하고, 보통은 미터 보통 나사를 사용하도록 되어 있다.

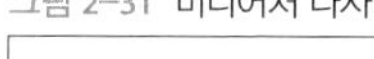
그림 2-31 미니어처 나사

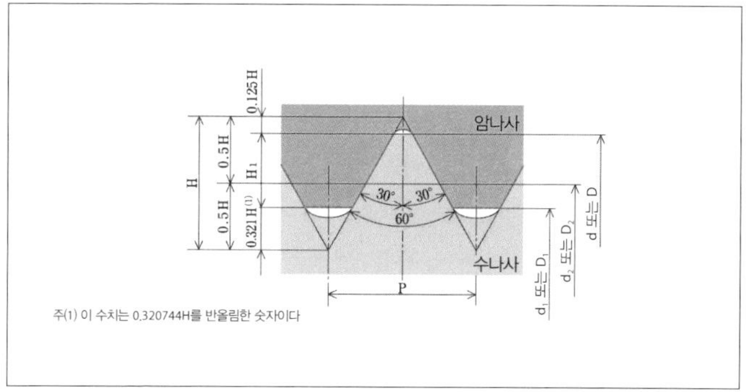

⑥ 미터 사다리꼴 나사

산봉우리와 골밑의 잘라 낸 부분이 큰 대칭 단면형 나사산을 가지고 지름 및 피치를 밀리미터로 나타낸, 나사산의 각도가 30도인 나사를 미터 사다리꼴 나사(JIS B0216)라고 한다. 삼각나사보다 효율이 좋아서 공작 기계 등의 이송 나사나 모나사 등 힘이나 운동 전달용으로 사용된다.

그림 2-32 미터 사다리꼴 나사

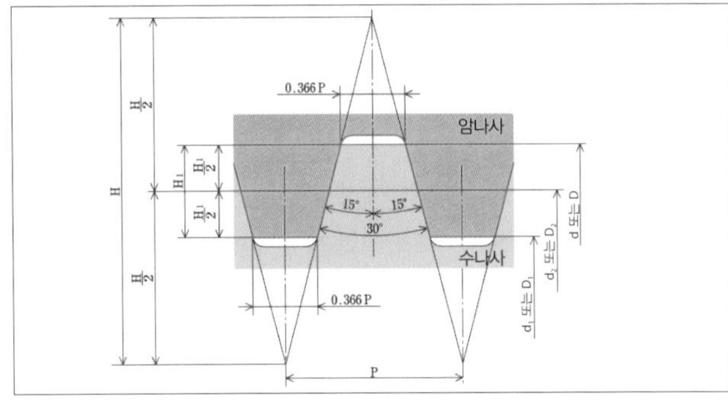

⑦ 태핑 나사

이번에는 작은 나사 중에서도 의외로 잘 알려지지 않은 태핑 나사에 대해서 알아보자. 태핑 나사는 아래 구멍만으로 암나사나 와셔 없이 얇은 강판이나 수지 재료 등에 직접 꽂을 수 있는 나사다. 체결 공정을 줄일 수 있어서 작업성이 좋다는 특징이 있으며 가전제품 등에 많이 사용된다. 하지만 자주 분리해야 하는 곳에는 적합하지 않다.

태핑 나사의 규격은 1999년 ISO에 따라 C형, F형, R형으로 규정되어 있다.

그림 2-33 태핑 나사의 규격

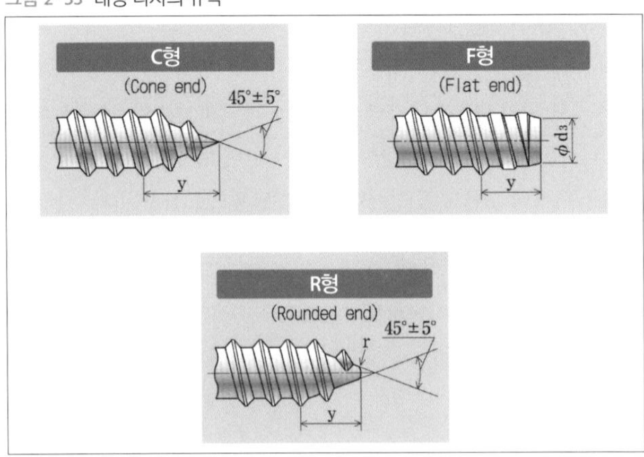

1999년 새롭게 규정된 태핑 나사이지만 10년이 지난 현재도 시장에서는 대부분 1종부터 4종까지 JIS에서 규정된 구 JIS가 사용되고 있으므로 이 내용도 알아 두자.

1종 태핑 나사는 A 태핑 나사라고도 불리며 피치가 가장 거친 태핑 나사이다. 나사의 선단부까지 뾰족해서 선단까지 나사산이 있다. 일반적으로 박강판(1.2㎜ 이하), 하드보드, 목재 등에 적합하다.

그림 2-34 1종 태핑 나사

1종 태핑 나사보다 피치가 더 촘촘해서, 선단의 2~2.5개의 산이 테이퍼인 2종 태핑 나사에는 골이 없는 B0 태핑 나사와 골이 있는 B1 태핑 나사가 있다. B1 태핑 나사는 선단을 1/4로 절단하고, 커팅부는 날의 역할을 해서 상대 자재를 깎는다. 주로 박강판 및 후판(5㎜ 이하), 비금속, 수지, 경질 고무 등에 적합하다.

그림 2-35 2종 태핑 나사

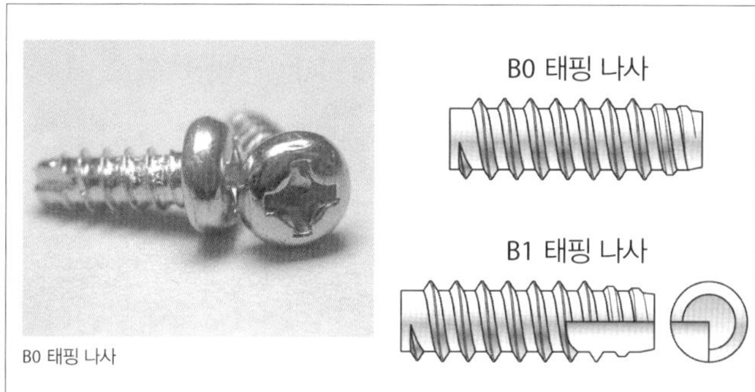

작은 나사와 같은 피치로 선두의 2.5~3개의 산이 테이퍼인 3종 태핑 나사에는 골이 없는 C0 태핑 나사와 골이 있는 C1 태핑 나사가 있다. C1 태핑 나사는 선단을 1/4 자르고 커팅부는 칼날의 역할을 하여 상대 자재를 깎아 나간다. 주로 구조용 철강, 주물, 비강철 주물에 적합하며 2종 태핑보다 후판에 대응하기 좋다.

그림 2-36 3종 태핑 나사

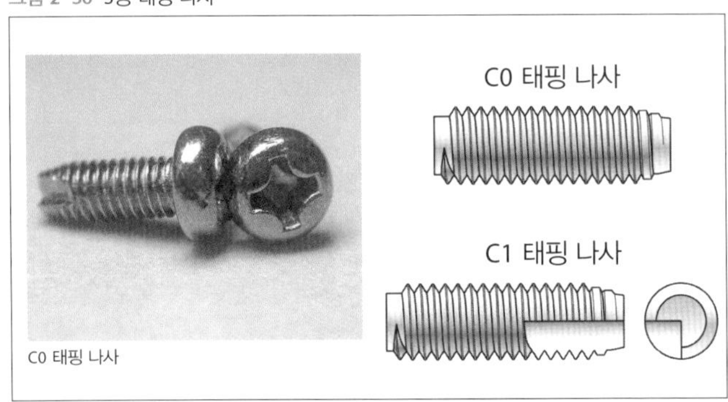

4종 태핑 나사는 1종 태핑 나사처럼 선단이 뾰족하며 피치는 2종 태핑 나사와 같은 피치를 가진 태핑 나사이다. 주로 박강판 및 후판(5㎜ 이하), 비금속, 수지, 경질 고무 등에 적합하지만 시장에서는 좀처럼 찾기 어렵다.

그림 2-37 4종 태핑 나사

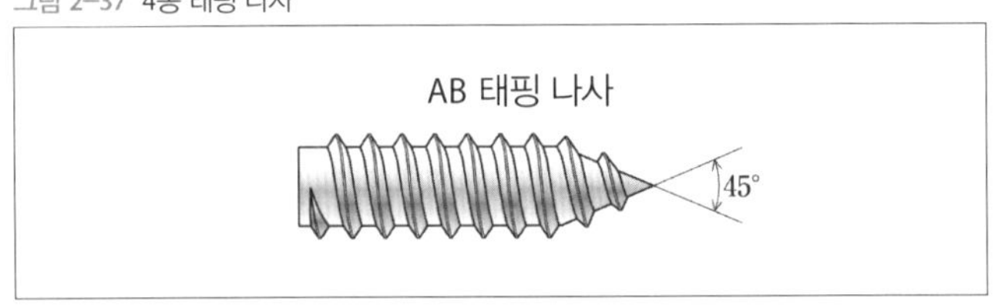

3종 태핑 나사는 일반적인 작은 나사와 같은 피치이지만 나머지 종류의 피치는 일반적인 나사산보다 피치가 넓기 때문에 쉽게 구분할 수 있다.

⑧ 특수 나사

(1) 자전거 나사

영국의 자전거기술협회에서 규정한 나사 및 이에 준하는 것에 사용하는 나사를 자전거 나사(JIS B 0225)라고 한다. 나사산은 60도로, 일반용 지름은 인치 계열, 스포크용 지름은 미터 계열, 피치는 25.4㎜에 대한 나사산의 수로 정해져 있다.

그림 2-38 자전거 나사

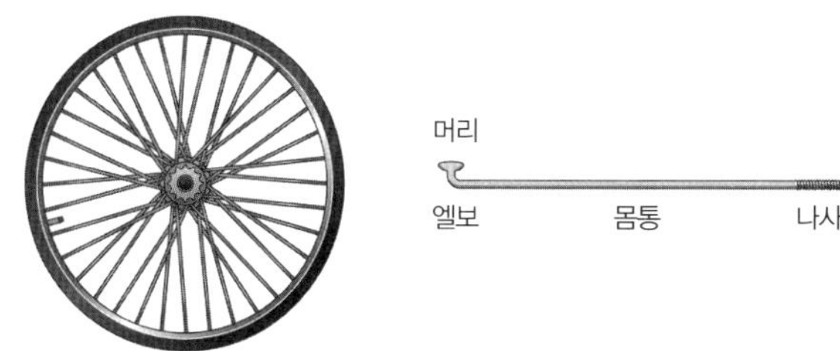

(2) 전구 나사

전구의 꼭지쇠 및 받침쇠에 이용하는 나사를 전구 나사(JIS C 7709)라고 한다. 이 나사는 나사산의 모양이 거의 같은 크기이며, 산 둥글기와 골 둥글기가 연속적으로 이어진다.

그림 2-39 전구 나사

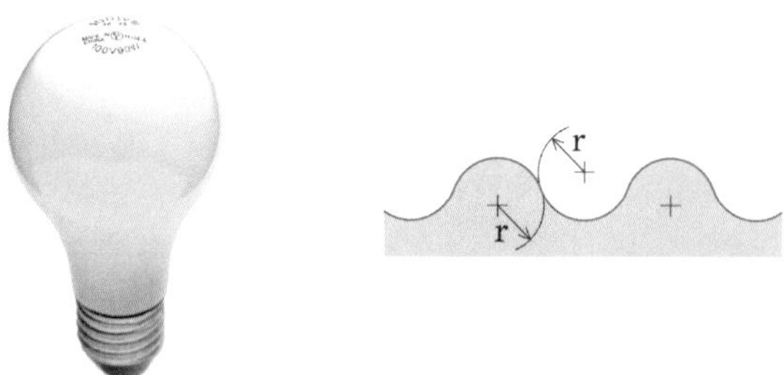

2-5 볼트와 너트

일반적으로 암나사가 잘린 너트와 세트로 사용하는 나사를 볼트라고 하며 형상이나 기능, 용도의 상황 등에 따라 다양한 종류가 있다.

그림 2-40 볼트와 너트

① 6각 볼트

육각형 머리부 형상을 가진 볼트를 6각 볼트라고 한다. 렌치나 스패너 등을 이용하여 드라이버보다 강하게 결속할 수 있기 때문에 +자 홈붙이 나사나 홈붙이 나사보다 체결력이 뛰어나다.

대표적인 6각 볼트로는 나사부가 없는 축부의 지름이 수나사의 호칭 지름과 같은 호칭 지름 6각 볼트, 축부의 지름이 수나사의 유효 지름과 같은 유효 지름 6각 볼트, 축부 전체가 나사로 되어 있는 온나사 6각 볼트라는 3종류가 있다. 여기서 유효 지름이란 축의 중심부터 나사산의 중간까지의 거리를 말한다.

그림 2-41에 3종류의 6각 볼트를 나타냈다. 호칭 지름 6각 볼트와 온나사 6각 볼트는 나사 피치가 보통 나사에서 3종류(A, B, C)인 부품 등급, 가는 나사에서 2종류(A, B)의 부품 등급, 유효 지름 6각 볼트는 보통 나사가 1종류(B)인 부품 등급으로 분류된다.

볼트의 호칭은 '나사의 호칭×호칭 길이'로 'M10×60'과 같이 표시한다.

표 2-10에 6각 볼트(부품 등급 A)의 각 부의 기준 치수를 나타냈다.

그림 2-41 6각 볼트의 이모저모

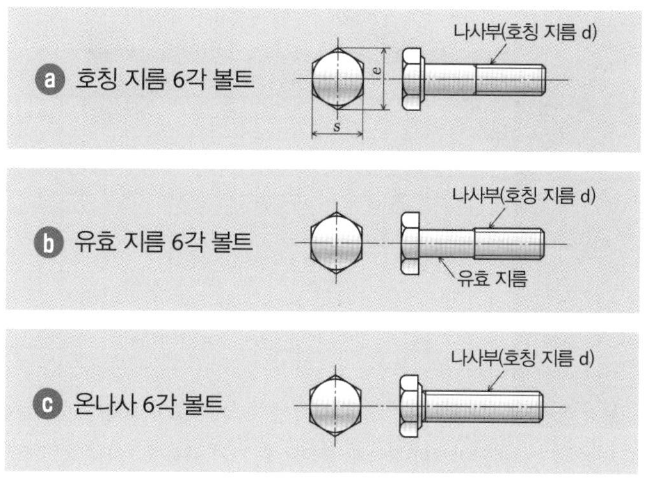

표 2-10 6각 볼트(부품 등급 A)의 기준 수치

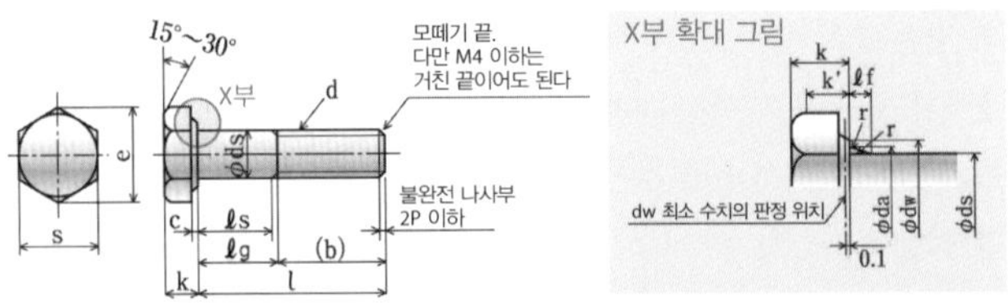

단위: mm

나사의 호칭 d		M2	M3	M4	M5	M6	M8	M10	M12
보통 나사	I란	M2	M3	M4	M5	M6	M8	M10	M12
	II란	–	–	–	–	–	–	–	–
보통 피치	P	0.4	0.5	0.7	0.8	1	1.25	1.5	1.75
가는 나사	I란	–	–	–	–	–	M8×1	M10×1	M12×1.5
	II란	–	–	–	–	–	–	M10×1.25	M12×1.25
b(참고)	L≦200mm	10	12	14	16	18	22	26	26
	125<L≦200mm	16	18	20	22	24	28	32	36
c	최소	0.1	0.15	0.15	0.15	0.15	0.15	0.15	0.15
	최대	0.25	0.4	0.4	0.5	0.5	0.6	0.6	0.6
da	최대	2.6	3.6	4.7	5.7	6.8	9.2	11.2	13.7
ds	기준 수치=최대	2.00	3.00	4.00	5.00	6.00	8.00	10.00	12.00
	최소	1.86	2.86	3.82	4.82	5.82	7.78	9.78	11.73
dw	최소	3.07	4.57	5.88	6.88	8.88	11.63	14.63	16.63
e	최소	4.32	6.01	7.66	8.79	11.05	14.38	17.77	20.03
ℓf	최대	0.8	1	1.2	1.2	1.4	2	2	3
k	기준 수치=호칭	1.4	2	2.8	3.5	4	5.3	6.4	7.5
	최소	1.275	1.875	2.675	3.35	3.85	5.15	6.22	7.32
	최대	1.525	2.125	2.925	3.65	4.15	5.45	6.58	7.68
k'	최소	0.89	1.31	1.87	2.35	2.7	3.61	4.35	5.12
r	최소	0.1	0.1	0.2	0.2	0.25	0.4	0.4	0.6
s	기준 수치=최대	4.00	5.50	7.00	8.00	10.00	13.00	16.00	18.00
	최소	3.82	5.32	6.78	7.78	9.78	12.73	15.73	17.73

볼트의 길이 L			ℓs 및 ℓg																							
호칭 길이(기준 수치)	최소	최대	ℓs 최소	ℓg 최대	ℓs 최소	ℓg 최대	ℓs 최소	ℓg 최대	ℓs 최소	ℓg 최대	ℓs 최소	ℓg 최대	ℓs 최소	ℓg 최대	ℓs 최소	ℓg 최대	ℓs 최소	ℓg 최대	ℓs 최소	ℓg 최대	ℓs 최소	ℓg 최대	ℓs 최소	ℓg 최대	ℓs 최소	ℓg 최대
16	15.65	16.35	4	6																						
20	19.58	20.42	8	10	5.5	8																				
25	24.58	25.42			10.5	13	7.5	11	5	9																
30	29.58	30.42			15.5	18	12.5	16	10	14	7	12														
35	34.5	35.5					17.5	21	15	19	12	17														
40	39.5	40.5					22.5	26	20	24	17	22	11.75	18												
45	44.5	45.5							25	29	22	27	16.75	23	11.5	19										
50	49.5	50.5							30	34	27	32	21.75	28	16.5	24	11.25	20								
55	54.4	55.6									32	37	26.75	33	21.5	29	16.25	25								
60	59.4	60.6									37	42	31.75	38	26.5	34	21.25	30	16	26						
65	64.4	65.6											36.75	43	31.5	39	26.25	35	21	31	17	27				
70	69.4	70.6											41.75	48	36.5	44	31.25	40	26	36	22	32				
80	79.4	80.6											51.75	58	46.5	54	41.25	50	36	46	32	42	21.5	34		
90	89.3	90.7													56.5	64	51.25	60	46	56	42	52	31.5	44	21	36
100	99.3	100.7													66.5	74	61.25	70	56	66	52	62	41.5	54	31	46
110	109.3	110.7															71.25	80	66	76	62	72	51.5	64	41	56
120	119.3	120.7															81.25	90	76	86	72	82	61.5	74	51	66

비고 1. 나사의 호칭은 I 란을 우선시한다. 또 나사의 호칭 표기는 JIS B 0123에 따른다
2. 나사의 호칭에 대해 장려하는 호칭의 길이는 굵은 선 안이다
3. 굵은 선 안에 있는 최대 호칭 길이와 긴 볼트 나사부의 길이 b의 공차는 당사자 간 협정에 의하지만, JIS B 1021에 따르는 편이 좋다
4. ℓg 최대 및 ℓs 최소는 다음과 같다. ℓg 최대=호칭 길이 L−b, ℓs 최소=ℓg 최대−5P(P=일반 피치)
5. 이 표에서 규정하는 da 및 r 값은 JIS B 1005에 따른다
6. 나사 끝 형상의 '모떼기 끝' 및 '거친 끝'은 JIS B 1003에 따른다

※ JIS B 1180: 2004에서 발췌

② 6각 구멍붙이 볼트

원통형 머리부에 육각형 홈을 가진 볼트를 6각 구멍붙이 볼트라고 한다. 또 머리부가 둥근 6각 구멍붙이 버튼 볼트, 머리부가 접시 모양인 6각 구멍붙이 접시 볼트 등도 있다. 육각형 홈을 가진 볼트를 캡 스크류라고 부르기도 한다. 6각 구멍붙이 볼트는 원칙적으로 너트 없이 사용하기 때문에 나사가 맞지만 예외적으로 볼트로 취급한다.

그림 2–42 6각 구멍붙이 볼트의 이모저모

6각 구멍붙이 볼트

6각 구멍붙이 버튼 볼트

6각 구멍붙이 접시 볼트

6각 구멍붙이 볼트는 육각 렌치 등을 사용하여 육각 지름의 구멍에 강한 체결을 할 수 있고 접합부 표면에서 머리부를 숨길 수 있는 등의 특징이 있다.

표 2-11 6각 구멍붙이 볼트의 기준 수치

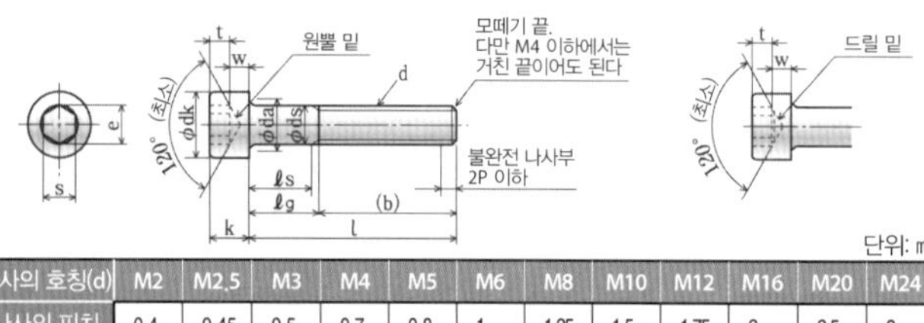

단위: mm

나사의 호칭(d)		M2	M2.5	M3	M4	M5	M6	M8	M10	M12	M16	M20	M24
나사의 피치		0.4	0.45	0.5	0.7	0.8	1	1.25	1.5	1.75	2	2.5	3
b[*1]	(참고)	16	17	18	20	22	24	28	32	36	44	52	60
dk	최대[*2]	3.8	4.5	5.5	7	8.5	10	13	16	18	24	30	36
	최대[*3]	3.98	4.68	5.68	7.22	8.72	10.22	13.27	16.27	18.27	24.33	30.33	36.39
	최소	3.62	4.32	5.32	6.78	8.28	9.78	12.73	15.73	17.73	23.67	29.67	35.61
da	최대	2.6	3.1	3.6	4.7	5.7	6.8	9.2	11.2	13.7	17.7	22.4	26.4
ds	최대	2	2.5	3	4	5	6	8	10	12	16	20	24
	최소	1.86	2.36	2.86	3.82	4.82	5.82	7.78	9.78	11.73	15.73	19.67	23.67
e	최소[*4*5]	1.733	2.303	2.873	3.443	4.583	5.723	6.863	9.149	11.429	15.996	19.437	21.734
k	최대	2	2.5	3	4	5	6	8	10	12	16	20	24
	최소	1.86	2.36	2.86	3.82	4.82	5.70	7.64	9.64	11.57	15.57	19.48	23.48
r	최소	0.1	0.1	0.1	0.2	0.2	0.25	0.4	0.4	0.6	0.6	0.8	0.8
s[*5]	호칭	1.5	2	2.5	3	4	5	6	8	10	14	17	19
	최대	1.58	2.08	2.58	3.08	4.095	5.14	6.14	8.175	10.175	14.212	17.23	19.275
	최소	1.52	2.02	2.52	3.02	4.02	5.02	6.02	8.025	10.025	14.032	17.05	19.065
t	최소	1	1.1	1.3	2	2.5	3	4	5	6	8	10	12
v	최대	0.2	0.25	0.3	0.4	0.5	0.6	0.8	1	1.2	1.6	2	2.4
dw	최소	3.48	4.18	5.07	6.53	8.03	9.38	12.33	15.33	17.23	23.17	28.87	34.81
w	최소	0.55	0.85	1.15	1.4	1.9	2.3	3.3	4	4.8	6.8	8.6	10.4

*1 굵은 계단선 사이에서 색을 넣지 않은 칸에 적용한다
*2 널링이 없는 머리부에 적용한다
*3 널링이 있는 머리부에 적용한다
*4 emin=1.14smin
*5 6각 구멍의 수치 s 및 e의 게이지 검사는 JIS B 1016을 참조
※ JIS B 1176: 2006에서 발췌

③ 6각 구멍붙이 멈춤나사

모터의 축에 기어를 고정하거나 캠을 고정하기 위한 멈춤나사 중 하나로 6각 구멍붙이 멈춤나사가 있다. 나사의 끝 형상으로는 나사부의 단면 중앙을 움푹 판 오목 끝, 나사부의 선단에 약 45도로 모떼기해서 단면을 평평하게 한 납작 끝, 나사부 선단을 원뿔형으로 뾰족하게 한 뾰족 끝, 나사부 선

단에 나사의 호칭 지름의 2분의 1과 같은 길이의 원통형을 가진 원통 끝 등이 있다.

그림 2-43 멈춤나사 끝의 형상

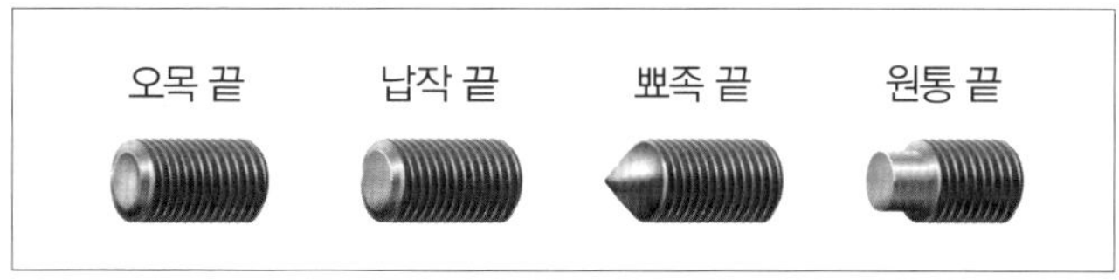

그림 2-44 6각 구멍붙이 멈춤나사

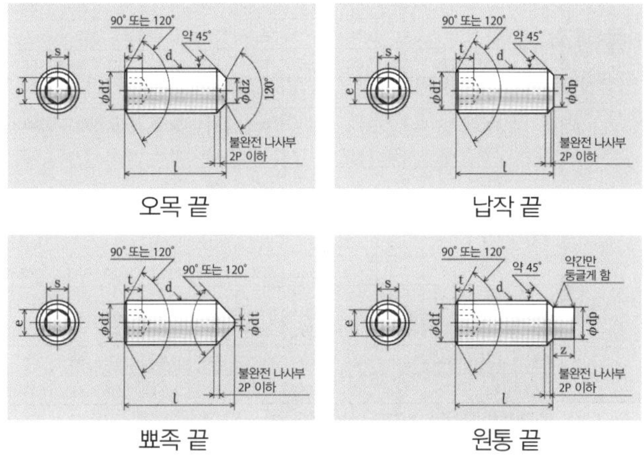

④ 업셋 볼트

볼트의 머리를 압조하여 육각형이나 사각형으로 성형한 볼트를 업셋 볼트라고 한다. 일반적으로 머리부 윗면에 움푹한 부분이 있는 것이 특징이다. +자 홈이 있는 모양의 나사는 지름이 작아서 작은 나사의 범주에 들어가는 경우도 있다. 드라이버나 스패너 복스렌치 등 여러 도구로 조일 수 있는 장점이 있지만, 일반적인 6각 볼트보다 강도가 낮아서 특히 작은 크기는 스패너가 아니라 복스렌치 등으로 조이지 않으면 머리가 뭉개질 수 있다.

그림 2-45 업셋 볼트

6각 업셋 볼트

+자 홈붙이 6각 업셋 볼트

⑤ 플랜지 볼트

플랜지 볼트는 공구가 미끄러지는 현상을 방지하기 위하여 머리부에 와셔가 일체화된 형태의 볼트로, 자동차와 관련해서 많이 사용한다. 와셔를 끼워도 플랜지와 같은 역할을 하지만, 조립 공정 등에서 생산 효율을 높이기 위해 처음부터 일체형 제품으로 만들어진 것이다.

그림 2-46 플랜지 볼트

⑥ 기타 볼트

(1) 아이볼트

머리부에 둥근 링 모양의 구멍이 있는 볼트를 아이볼트라고 하며, 주로 기계를 운반하거나 고정할 때 사용한다. 아이라는 명칭은 눈(eye)과 같은 모양을 하고 있다는 점에서 유래했기 때문에 I 볼트라는 표기법은 잘못된 것이다.

(2) 나비볼트

머리부가 날개를 편 나비 모양을 한 볼트를 나비볼트라고 하며, 체결보다도 설치 및 분리가 쉬워야 하는 곳의 체결에 사용한다. 일반적으로 공구를 사용하지 않고 손으로 조이거나 분리한다.

그림2-47 아이볼트

그림2-48 나비볼트

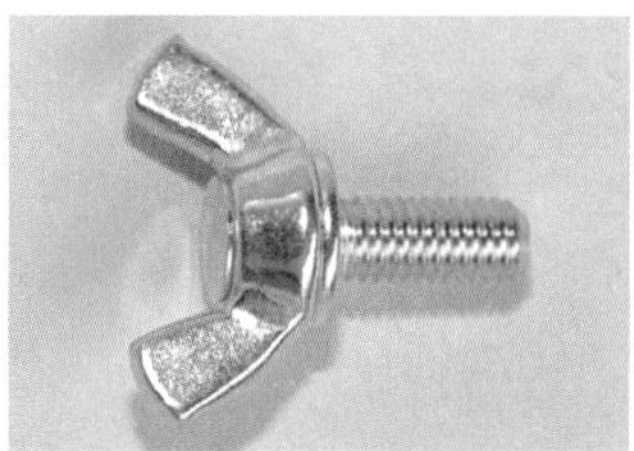

(3) 노브볼트

손으로 쉽게 돌릴 수 있도록 손잡이가 달린 나사를 노브볼트라고 한다. 손잡이는 주로 수지로 만들어져 있으며 둥글거나 삼각형, 사각형 등 다양한 모양이 있다.

그림 2-49 노브볼트

(4) 사각볼트

사각형 모양의 머리부 형태를 가진 볼트를 사각 볼트라고 한다. 6각 볼트는 60도씩 회전해서 조이는 반면, 사각 볼트는 90도씩 회전해서 조여야 하기 때문에 스패너 등으로 조일 때 큰 각도로 회전시켜야 한다.

그림 2-50 사각볼트

⑦ 너트

볼트와 함께 사용되는 암나사의 총칭을 너트라고 하며 종류가 다양하다.

(1) 6각 너트

대표적인 너트는 바깥둘레부의 모양이 육각형인 6각 너트이다. 일반적인 6각 너트는 호칭 지름에 비해 너트의 높이가 호칭 지름의 0.8배 이상이다. 이에 비해 0.8배 미만인 것을 6각 얇은 너트라고 한다. 또 한쪽을 모떼기한 것을 1종, 양쪽을 모떼기한 것을 2종, 양쪽에 모떼기한 얇은 너트를 3종으로 분류하고 있다.

그림 2-51 6각 너트의 종류

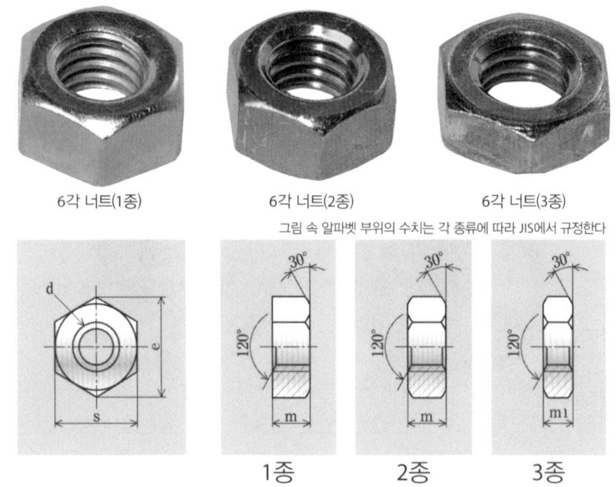

(2) 6각 캡 너트

수나사의 끝을 모자 모양으로 둥글게 만든 6각 너트를 6각 캡 너트라고 한다.

그림 2-52 6각 캡 너트

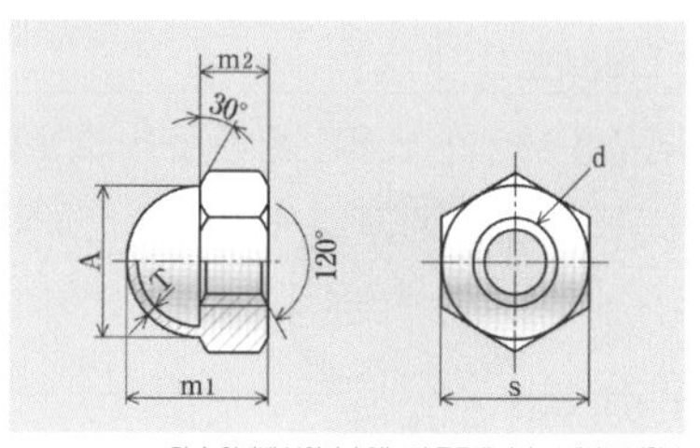

그림 속 알파벳 부위의 수치는 각 종류에 따라 JIS에서 규정한다

(3) 홈붙이 6각 너트

너트의 탈락 방지를 위해 분할 핀을 꽂을 홈이 있는 6각 너트를 홈붙이 6각 너트라고 한다.

(4) 플랜지붙이 6각 너트

자리면의 면적을 크게 하기 위하여 지름이 6각 맞각 거리보다 큰 원뿔형의 칼라를 가진 6각 너트를 플랜지붙이 6각 너트라고 한다.

그림 2-53 홈붙이 6각 너트

그림 2-54 플랜지가 있는 육각 너트

(5) 아이너트

머리부에 둥근 링 모양의 고리가 있는 너트를 아이너트라고 하며 중량물을 매달아 올릴 때 사용한다.

그림 2-55 아이너트

(6) 나비너트

머리부에 나비가 날개를 펼친 듯한 모양을 한 너트를 나비너트라고 하며, 공구를 사용하지 않고 손으로 조이거나 풀 수 있기 때문에 반복적으로 탈착하고 싶은 곳 등에 이용한다.

(7) 나일론 너트

나일론 등의 비금속을 와셔로 끼운 나일론 너트는 강력한 풀림 방지 기능이 있으며 체결 토크도 안정적이다.

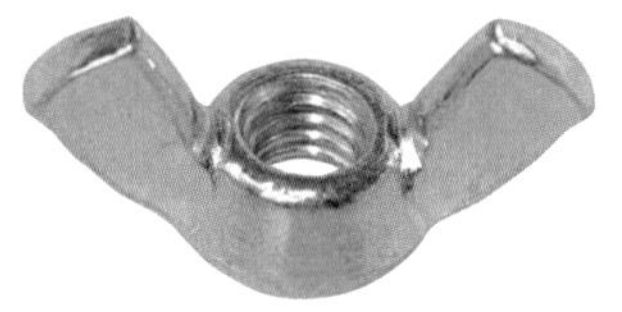

그림 2-56 나비너트

그림 2-57 나일론 너트

⑧ 와셔

작은 나사나 볼트, 너트 등을 조일 때, 모재(母材)에 너트나 볼트 머리가 파묻히지 않도록 하는 부품을 와셔라고 하며 여러 가지 종류가 있다.

(1) 평와셔

평평한 원판 모양의 와셔를 평와셔라고 하며, 나사와 비교해 통과 구멍이 크거나 축력에 대해 충분한 자리면을 확보할 수 없는 경우에 사용된다.

(2) 스프링 와셔

평와셔 일부를 절단하고 절단면을 비틀어서 스프링성을 부여하는 것을 스프링 와셔라고 하며, 절단면의 스프링 효과로 평와셔보다 풀림 방지 효과가 크다.

(3) 접시 스프링 와셔

접시 스프링의 형상을 한 와셔를 접시 스프링 와셔라고 하며, 스프링 와셔보다 스프링 상수가 크기 때문에 고강도 볼트에 사용한다.

그림 2-58 평와셔

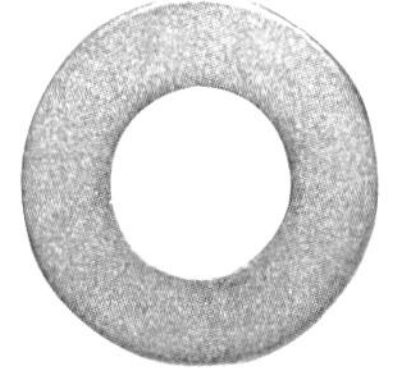

그림 2-59 스프링 와셔

그림 2-60 접시 스프링 와셔

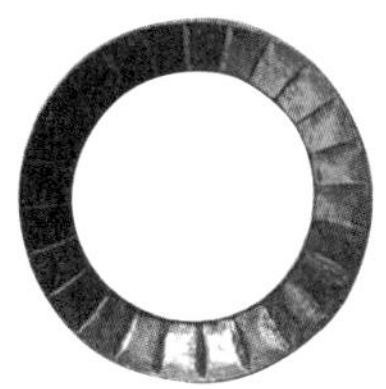

(4) 이붙이 와셔

와셔의 바깥쪽이나 안쪽에 꽃잎처럼 다수의 이빨이 있고 이빨의 끝이 비틀린 와셔를 이붙이 와셔라고 한다.

그림 2-61 이붙이 와셔

안쪽 이붙이 와셔

바깥 이붙이 와셔

(5) 셈스볼트

작은 나사의 목 아래에 평와셔나 스프링 와셔를 끼워 넣은 나사를 셈스볼트라고 한다. 이 나사는 와셔를 조립해야 하는 번거로움이 없어서 작업 효율이 높다. 참고로 와셔가 일체 구조로 되어 있는 것이 플랜지붙이 나사로, 셈스볼트와는 다르다.

그림 2-62 셈스볼트

항공기와 나사

나사가 생활을 지탱하는 하나의 사례로 항공기에 사용되는 나사에 대해서 알아보자. 항공기 한 대에는 몇 개의 나사가 사용될까? 일본의 방위성도 보유하고 있는 전투기 F15에는 32만 개나 되는 나사가 사용되었다. 또 B747과 같은 점보제트기에는 이보다 훨씬 많은 300만 개에 가까운 나사가 사용되었다고 한다. 이처럼 항공기 산업에서는 방대한 규모의 나사 거래가 이루어지고 있다. 그래서 미국의 항공우주용 나사 시장은 1,000억 엔 이상의 대규모 비즈니스라고 한다. 하지만 지상에서는 상상할 수 없는 극한의 환경에서 사용되는 항공우주용 나사는 아무나 만들 수 있는 것이 아니다.

항공기의 역사는 1903년 라이트 형제의 첫 비행으로부터 시작되었다. 그리고 현재 항공우주용 나사 시장에서 압도적인 점유율을 자랑하는 SPS Technologies사가 탄생한 시점도 같은 해이다. 1911년 세계 최초로 6각 구멍 붙이 볼트를 개발한 것이 본격적인 나사 제조업체로서의 출발점이 되었다. 그 후 제1차, 제2차 세계대전을 거쳐 항공기는 하나의 산업으로서 놀라운 발전을 이룬다.

현재 항공우주용으로 이용되고 있는 볼트의 표준은 12각 머리부를 가진 12points 볼트이며, SPS Technologies사는 지금까지 자사 제품의 스펙을 나사 전반의 표준규격으로 발전시키는 등 중요한 역할을 해 왔다. 항공기용 나사에 꼭 필요한 요소는 고속화에 대응하기 위한 경량화와 내열화이다. 항공기 속도가 제트엔진의 최고속도라고 불리는 마하 3으로 비행할 때 외피 온도는 약 320℃, 우주선이 대기권 돌입 시에서는 마하 22로, 기수 부분의 온도가 1,400℃에 달한다. 이에 대응하기 위해 기체에 사용되는 나사로는 가볍고 강도가 높은 티타늄 합금, 엔진 주위의 고온에 사용되는 나사로는 내열성이 있는 니켈 합금이 이용되고 있다.

그리고 보잉사의 기체에 사용되는 나사는 모두 인치 사이즈이며, 보잉사의 부품 회사 인증은 ①회사 인증 ②공장 인증 ③(개개의) 부품 인증 순으로 이루어지고 있으며 이외의 부품을 사용하는 것은 일절 인정되지 않는다.

또 항공기용 나사의 규격이 일반 공업용 나사의 규격과 다른 점은 제조 공정 관리 기준과 검사 시스템의 차이에 있다. 검사 기준이 매우 상세히 규정되어 있어서 조금이라도 실수할 위험이 있다면 그를 최소화하기 위해 노력하고 있다. 또 단순히 나사를 판매하는 것이 아니라 전 세계 비행장에 검사 요원을 파견하는 등 항공기 안전에 온 힘을 다하는 보증 시스템을 구축하고 있는 것도 큰 특징이다. 이러한 상황에서도 SPS Technologies사는 보잉사의 인정을 받아 특히 6각 구멍붙이 볼트에 관해서는 실질적으로 독점하고 있다.

그림 2-63 항공기용 12points 볼트

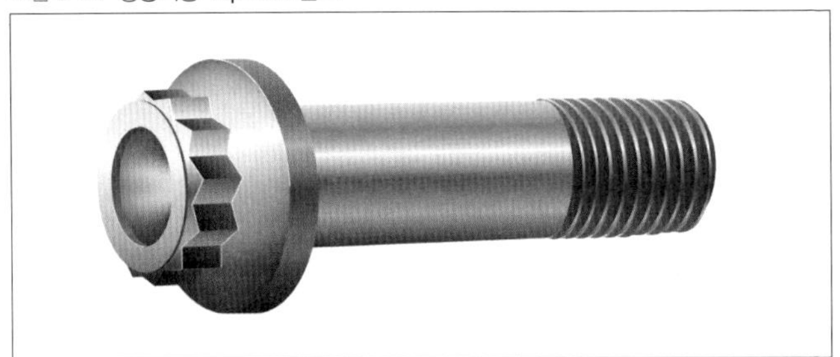

참고: 모리 가즈타카, 항공기와 파스너(『일본나사연구협회지』Vol.32-7, 2001.)

나사를 조이다

나사가 우리의 삶을 지탱하는 가장 큰 이유는 나사가 가진 체결력 때문이다. 제3장에서는 과학적인 관점으로 나사를 조이는 힘에 대해 알아보자.

3-1 나사에 작용하는 힘

① 나사와 경사면

사람이 드라이버 등을 사용하여 나사를 조인 후에는 다시 그 나사를 풀려고 해도 쉽게 풀리지 않는다. 이는 나사에 가해지는 힘이 확대되어 나사를 조이는 힘으로 변환되기 때문이다. 그리고 이 사실이 나사 체결을 생각하는 시작점이 된다. 앞서 제1장에서 직각삼각형으로 원통을 말면 나사가 만들어진다고 이야기했다. 제3장에서는 이를 조금 더 발전시켜서 생각해 보자.

사람이 짐을 들어 올리려고 할 때, 바로 위로 들어 올리는 것보다 경사면을 이용하는 편이 작은 힘으로도 들어 올리기 좋다. 경사면을 사용하면 같은 높이까지 이동시켜야 하는 거리는 길어지지만, 필요한 힘은 적어진다. 이는 경사면 위의 물체에 작용하는 중력을 경사면에 평행한 방향과 경사면에 직각인 방향의 성분으로 나누어 생각할 수 있기 때문이다. 이때 삼각비라는 관계를 사용한다. 두 변의 비율의 값을 각도 θ의 $\sin\theta$(정현: 사인), $\cos\theta$(여현: 코사인), $\tan\theta$(정접: 탄젠트)로 정의한다.

그림 3–1 삼각비

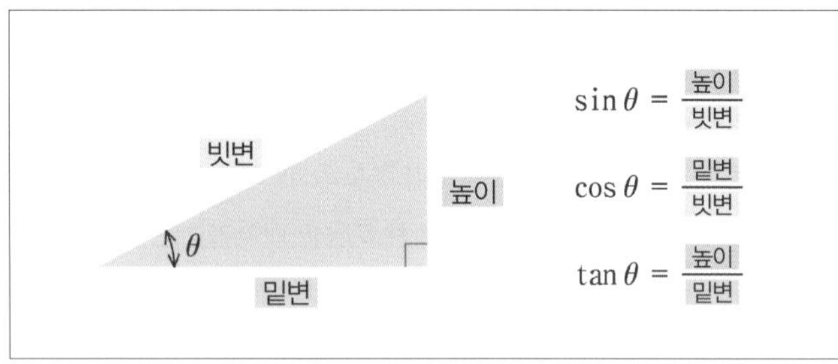

그림 3-2와 같이 경사각도 θ인 경사면 위의 물체에 중력 W가 작용하고 있을 때, 경사면에 평행한 힘 F를 가해서 높이 h만큼 끌어 올릴 경우, 중력 W는 경사면에 평행한 힘인 W$\sin\theta$와 경사면에 수직한 힘인 W$\cos\theta$로 나눌 수 있다.

그림 3-2 나사와 경사면

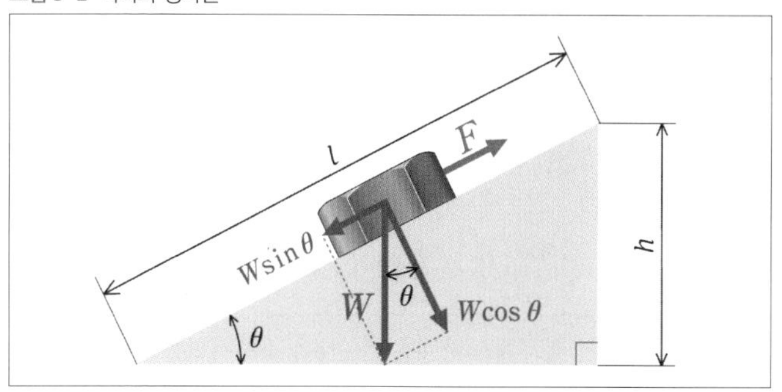

예를 들어 경사면의 비가 3:4:5일 때에는 위 그림에서 l=5, h=3이 되므로 10kg짜리 물체를 경사면을 따라 끌어 올리기 위해서는 W$\sin\theta$=10×3/5=6kg의 힘이 필요하다. 다만 작은 힘으로 가능한 대신 높이를 3만큼 들어 올리기 위해서는 경사면 위를 5만큼 이동해야 한다. 즉 경사면을 이용하여 물체를 끌어 올릴 때는 필요한 힘이 적어지는 만큼 긴 거리를 이동시켜야 한다. 그리고 그 힘과 거리의 관계는 경사각에 의해 결정된다.

나사를 조이는 행위는 이와 비슷해서 경사면을 따라 물체를 들어 올리는 것은 나사산을 따라 회전시키는 것에 해당한다. 그래서 '나사는 경사면의 응용이다'라는 말이 있다.

실제로는 접촉하는 두 물체가 미끄럼 운동을 할 때는 이 운동을 방해하는 방향으로 미끄럼마찰이 일어난다. 그리고 물체가 미끄러지기 시작할 때까지의 마찰력을 정지 마찰력, 그 최댓값을 최대(정지) 마찰력이라고 한다. 또 최대 마찰력은 미끄러지기 직전의 마찰력을 나타낸다.

그림 3-3 물체에 작용하는 마찰력

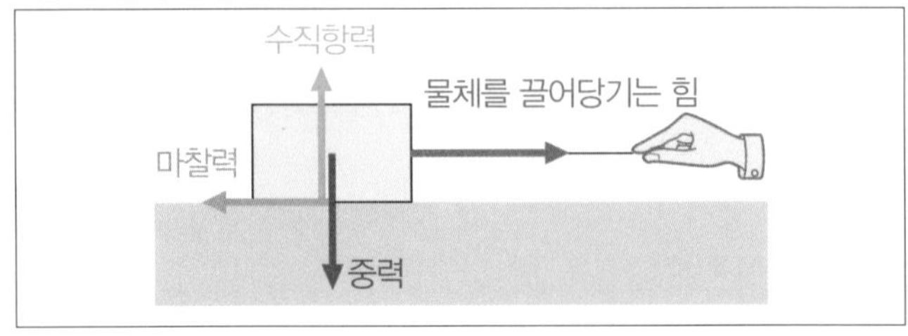

접촉면에서 물체에 수직으로 작용하는 수직항력을 N, 정지마찰계수를 μ라고 하면 최대 마찰력 F_0는 다음 식과 같이 나타낸다.

$$F_0 = \mu N$$

또 운동하고 있는 물체에 작용하는 마찰력을 운동마찰력이라고 하며, 이때의 수직항력을 N, 운동마찰계수를 μ'라고 하면 최대 마찰력 F는 다음의 식과 같이 나타낸다.

$$F = \mu' N$$

그리고 마찰계수의 값은 면이나 물체의 재질, 표면의 요철 상태 등에 따라서 변화한다. 일반적으로 정지 마찰력과 운동마찰력은 **그림 3-4**와 같은

그림 3-4 정지 마찰력과 운동마찰력의 관계

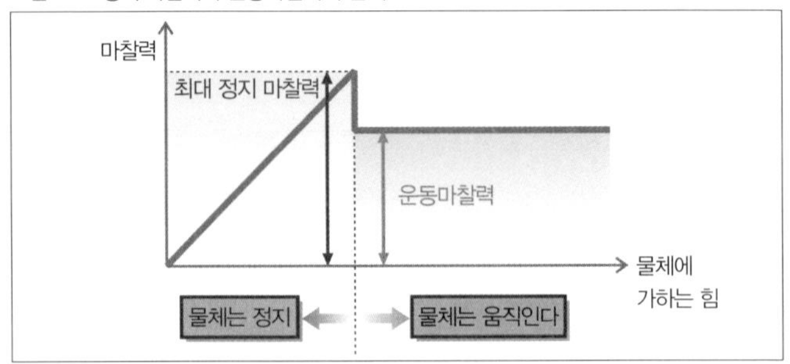

관계를 나타내는데, 이는 힘을 가해서 움직이기 시작할 때까지 큰 힘이 있어야 하며 움직이기 시작하면 물체에 가하는 힘은 적어져도 된다는 사실을 의미한다.

또 면을 기울여 갈 때 물체가 미끄러지기 직전에 면이 수평면에 대해 이루는 각을 마찰각도 θ_0라고 하며 정지마찰계수 μ와의 사이에 다음과 같은 식이 성립된다.

$$\mu = \tan\theta_0$$

일반적으로 마찰은 없는 편이 좋다고 생각하기 쉽지만, 나사를 조일 때 만약 마찰이 없으면 힘을 가하는 행위가 없어지는 순간 바로 느슨해져 버린다. 그러니 나사를 조일 수 있는 것은 마찰 덕분이기도 하다. 물론 마찰이 너무 크면 체결하는 데 필요한 힘이 커지므로 적절한 크기의 마찰이 필요하다.

하지만 실제로 마찰계수는 같은 접촉면에서도 변화하는 경우가 많아서 최적의 체결력을 찾기가 쉽지 않다.

다음으로 경사면의 관계와 마찰력의 관계를 토대로 나사의 체결력에 대해서 알아보자.

② 나사를 조이는 힘

경사면 위에 있는 하중 W의 물체에 수평 방향으로 힘 F를 가해서 끌어올리는 것은 나사를 조이는 행위와 같다.

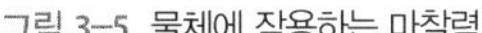
그림 3-5 물체에 작용하는 마찰력

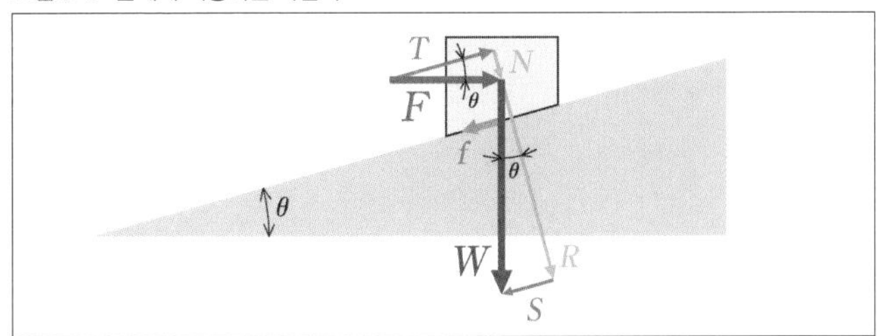

여기서 경사면에 대해 평행한 분력을 각각 S, T, 경사면에 대해 수직인 분력을 각각 R, N이라고 하면 다음과 같은 식이 성립된다.

평행한 분력

$$\begin{cases} S = W\sin\theta \\ T = F\cos\theta \end{cases}$$

수직인 분력

$$\begin{cases} R = W\cos\theta \\ N = F\sin\theta \end{cases}$$

다음으로 경사면에 작용하는 수직 응력은 R+N이기 때문에, 경사면의 마찰계수를 μ라고 하면 마찰력은 $f=\mu N$의 관계이므로 다음과 같은 식이 된다.

$$f = \mu(R + N)$$

여기서 f는 경사면에 평행한 힘이므로 f=T-S의 관계가 성립된다. 이러한 관계를 $f=\mu(R+N)$의 식에 대입해서 정리하면 다음과 같은 식이 나온다.

$$F\cos\theta - W\sin\theta = \mu(W\cos\theta + F\sin\theta)$$

$$F(\cos\theta - \mu\sin\theta) = W(\sin\theta + \mu\cos\theta)$$

따라서 나사를 조이는 힘 F는 다음의 식으로 나타낸다.

$$F = W\frac{\sin\theta + \mu\cos\theta}{\cos\theta - \mu\sin\theta} = W\frac{\tan\theta + \mu}{1 - \mu\tan\theta}$$

경사면 위에 물체를 올려놓고 그 기울기를 조금씩 크게 하면 어느 시점에서 물체는 미끄러지기 시작한다. 이때의 경사각을 마찰각 ϕ라고 하며 마찰계수는 $\mu=\tan\phi$로 표시되므로 나사를 조이는 힘 F는 다음 식으로 나타낸다.

$$F = W\tan(\phi + \theta)$$

그리고 위의 식 변형에는 $\tan\theta$의 덧셈정리를 이용했다.

$$\tan(A \pm B) = \frac{\tan A \pm \tan B}{1 \mp \tan A \tan B}$$

③ 나사를 푸는 힘

나사를 풀고 싶을 때는 조일 때와 반대로 하중 W의 물체를 힘 F′으로 밀어 내리게 된다. 이때 마찰력 f′나 경사면에 대해 작용하는 평행한 분력 T′도 반대 방향이 되기 때문에 나사를 푸는 힘은 다음 식으로 나타낸다.

$$F' = W\tan(\phi - \theta)$$

그리고 이 식에서 경사면의 경사각 θ보다 마찰각 ϕ가 작을 때는 나사가 자연스럽게 느슨해진다.

④ 나사를 돌리는 힘의 모멘트

다음으로 어떤 점 주위에서 나사를 회전시킬 때 작용하는 힘의 모멘트에 대해 알아보자. 길이가 L인 스패너로 지름이 d인 나사를 회전시키고자 할 때 힘의 모멘트 M은, 스패너가 가하는 힘을 F라고 하면 다음 식으로 나타낼 수 있다.

$$M = FL$$

이때 나사의 원주 접선 방향으로 작용하는 힘을 F라고 하면 다음의 관계가 성립된다. 또 여기서 나사의 지름이란 나사의 유효 지름 d_2, 나사의 원주란 나사의 유효 지름의 원주를 의미한다.

$$M = F\frac{d_2}{2} = \frac{Wd_2}{2}\tan(\phi + \theta)$$

이 관계식을 이용하여 나사의 유효 지름이나 피치를 규격표에서 읽으면

그림 3-6 나사를 돌리는 힘의 모멘트

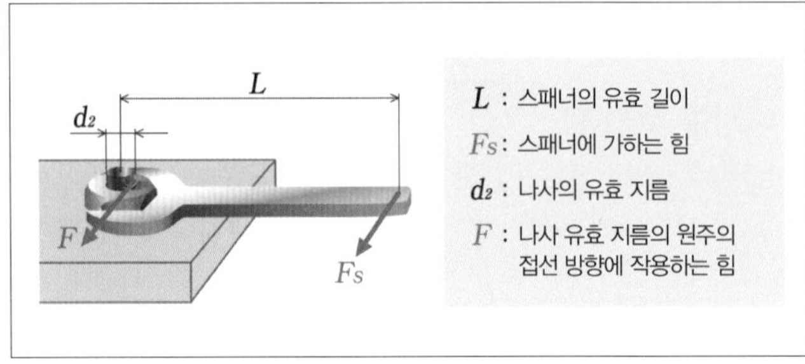

그 나사를 체결하기 위해서 스패너에 몇 N의 힘을 가하면 되는지를 구할 수 있다. 다만 이 관계식에서는 측정하기 어려운 마찰계수 항이 있기 때문에 실제로는 간략화한 다음의 식을 많이 이용한다.

$$M = FL = 0.2dW$$

예제 1 호칭 지름 10㎜의 체결용 나사를 길이 180㎜의 스패너에 120N의 힘을 가하여 돌릴 때의 나사를 조이는 힘을 구하시오.

풀이 위의 식을 다음과 같이 변형하여 값을 대입하면

$$W = \frac{FL}{0.2d} = \frac{120\times180}{0.2\times10} = 10800\,[\mathrm{N}] = 10.8\,[\mathrm{kN}]$$

이 결과로부터 스패너로 가한 힘 120[N]이 실제 나사의 조임력으로는 10800[N]이 되어 10800÷120=90배가 됨을 알 수 있다.

⑤ 나사의 효율

나사에 가한 일과 나사가 한 일과의 비율을 나사의 효율이라고 한다. 여기에서는 경사면을 이용하여 나사의 효율을 도출한다.

하중 W를 가해 나사를 1회전시켜서 높이 L까지 끌어 올렸다고 치자. 여

그림 3-7 나사의 효율

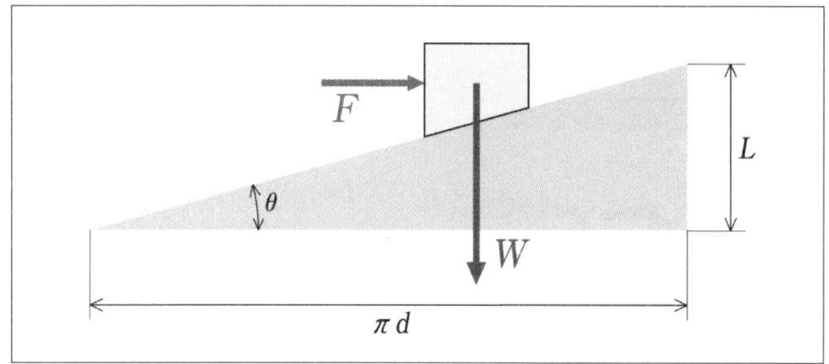

기서 나사가 한 일은 WL이고 나사에 가한 일은 Fπd이므로 나사의 효율 η는 다음과 같은 식이 도출된다.

빗변의 관계로 인해 $\tan\theta = \frac{L}{\pi d}$이 성립하므로 L=πdtan$\theta$의 관계를 이용해서 식을 변형한다.

또 앞서 도출한 아래의 식도 사용한다.

$$F = W\tan(\phi + \theta)$$

$$\eta = \frac{WL}{F\pi d} = \frac{W\pi d\tan\theta}{W\pi d\tan(\phi+\theta)} = \frac{\tan\theta}{\tan(\phi+\theta)}$$

여기서 나사가 자연스럽게 풀리지 않는 조건은 $\theta \leqq \phi$이기 때문에 $\theta = \phi$로서 나사의 효율 η를 계산하면 다음과 같은 식이 성립한다.

$$\eta = \frac{\tan\phi}{\tan 2\phi} = \frac{\tan\phi}{\frac{2\tan\phi}{1-\tan\phi}} = \frac{1}{2} - \frac{1}{2}\tan^2\phi$$

그리고 ϕ의 값은 0이 되지 않기 때문에 나사의 효율 η는 1/2보다도 커진다. 즉 자연스럽게 풀리지 않기 위한 나사의 효율은 50% 미만이라고 할 수 있다.

3-2 나사의 세기

① 나사에 작용하는 힘

작은 나사나 볼트의 굵기를 결정하기 위해서는 그것에 작용하는 힘의 종류나 크기에 따른 계산을 해야 한다. 일반적으로 나사부에 작용하는 힘은 다음과 같이 구분한다.

(1) 인장 하중을 받는 나사

재료의 세기에서 자주 거론되는 요소는 단면적당 작용하는 힘인 인장강도이다. 나사가 축 방향으로 인장 하중을 받았을 때도 이를 이용한다. 즉 수나사의 유효 단면적 A[mm^2]가 인장 하중 W[N]를 받았을 때의 인장 응력 σ[N/mm^2]를 다음의 식으로 구하는 것이다. 그리고 1Pa=1N/m^2의 관계로부터 1MPa=1N/mm^2가 되기 때문에 응력의 단위 [N/mm^2]는 [MPa]로 표기하는 경우가 많다.

$$\sigma = \frac{W}{A} \ [\mathrm{N/mm^2}]$$

여기서 유효 지름보다 약간 작은 수나사의 골지름 d_1[mm]를 사용하면 단면적 A는 $A = \frac{\pi}{4} d_1^2$ [$\mathrm{mm^2}$]가 되고, 나아가 수나사의 골지름인 d_1[mm]는 바깥지름의 약 0.8배이므로 d_1=0.8d를 대입하면, 인장 하중 W는 다음과 같은 식이 된다.

$$W = A\sigma = \frac{\pi}{4} d_1^2\sigma = \frac{\pi}{4} (0.8d)^2\sigma = \frac{1}{2} d_1^2\sigma \ [\mathrm{N}]$$

그리고 위의 식을 변형해 나사의 지름[mm]을 구하면, 다음과 같은 식이 도출된다. 여기에서는 인장 응력 σ[MPa]를, 수나사의 허용 인장 응력 σ_a[MPa]로 표기하고 있다.

$$d = \sqrt{\frac{2W}{\sigma_a}} \quad [\mathrm{mm}]$$

예제 2 인장 하중을 받기만 하는 나사부를 가진 후크에 최대 150kg의 짐을 매달 때, 선택해야 하는 강재의 나사 지름을 구하시오. 단, 사용하는 나사는 허용 응력 σ_a가 48MPa인 미터 보통 나사이다.

풀이 위의 식에 W=150×9.8N, σ_a=48MPa를 대입해서 계산한다.

$$d = \sqrt{\frac{2 \times 150 \times 9.8}{48}} = 7.826...$$

그림 3-8 후크

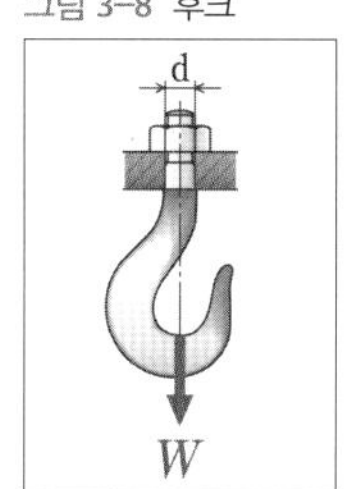

일반적으로 수나사의 바깥지름은 밀리미터 단위로 정해져 있어서 이 값이 그대로 답이 되지는 않는다. 미터 보통 나사의 기준 치수를 참조하여 이 값보다 조금 크고 깔끔한 숫자인 M8을 선택한다.

(2) 인장 하중과 비틀림 하중을 받는 나사

조임 볼트나 나사 잭의 나사봉 등에는 축 방향의 하중뿐만 아니라 비틀림 하중도 동시에 작용하고 있다. 일반적으로 비틀림에 의한 응력은 인장 응력의 1/3 정도로 간주하여 그 합계를 축 방향으로 4/3배의 하중이 가해지는 것으로 계산한다. 이때 나사의 지름을 구하면 다음과 같은 식이 나온다.

$$d=\sqrt{\frac{2\times\frac{4W}{3}}{\sigma_a}}=\sqrt{\frac{8W}{3\sigma_a}}\ [\mathrm{mm}]$$

예제 3 1,000kg의 하중을 받는 나사 잭으로 선택해야 할 강재의 나사 지름을 구하라. 단, 사용하는 나사는 허용 응력 σ_a가 48MPa인 미터 보통 나사로 한다.

풀이 위의 식에 W=1000×9.8N, σ_a=48MPa를 대입하여 계산한다. 미터 보통 나사의 기준 치수를 참조해서 이 값보다 조금 크고 깔끔한 숫자인 M24를 선택한다.

$$d=\sqrt{\frac{8\times1000\times9.8}{3\times48}}=23.3...$$

그림 3-9 나사 잭

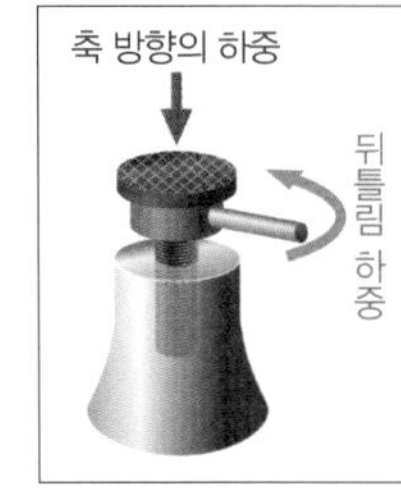

(3) 전단 하중을 받는 나사

서로 당기는 하중이 작용하는 부품을 볼트로 조일 때는 전단 하중이 작용한다. 이럴 때는 볼트의 허용 전단 응력을 a[MPa]라고 하고 볼트의 바깥 지름을 다음과 같이 도출한다.

그림 3-10 전단 하중을 받는 나사

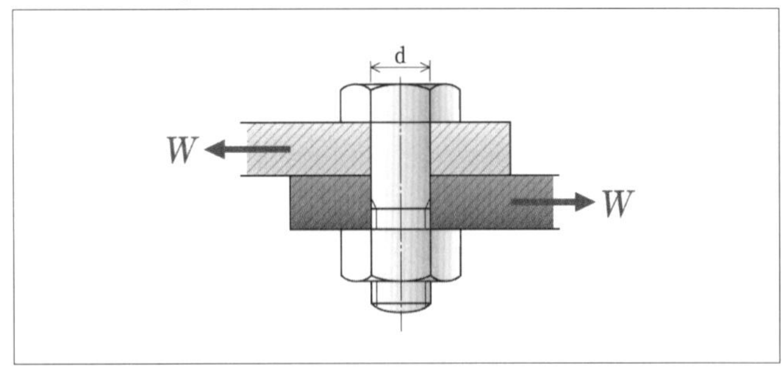

$$\tau_a = \frac{W}{\frac{\pi}{4}d^2} \text{ 이어서, } d = \sqrt{\frac{4W}{\pi \tau_a}} \text{ [mm]}$$

볼트와 너트 사이에 판재 등을 끼울 때는 나사부에 하중을 받으면 나사산이 찌그러지므로 6각 볼트가 아닌 나사산이 없는 원통부가 있는 볼트를 선정하도록 한다. 또 일반적으로 축부의 전단 강도는 인장강도의 약 60%이다.

예제 4 **그림 3-10**과 같은 판재가 5kN의 하중으로 당겨져 있을 때, M10의 볼트를 사용한다면 볼트에 생기는 전단 응력은 몇 MPa가 되는지를 구하라.

풀이 전단 응력을 구하는 τ_a의 식에 W=5×10^{3}N, d=10㎜를 대입하여 다음과 같이 계산한다.

$$\tau_a = \frac{W}{\frac{\pi}{4}d^2} = \frac{5\times10^3}{\frac{3.14}{4}\times10^2} = 63.7 \text{ [MPa]}$$

② 응력과 변형

단면적 A[㎟]당 재료에 가해진 힘 W[N]인 응력 σ[N/㎟]를 구할 때는 재료의 신축성 등의 변화량은 고려하지 않는다. 재료의 원래 길이 L에 대한 길이 변화량 ΔL을 변형 ε라고 하며 다음과 같은 식으로 나타낸다.

$$\varepsilon = \frac{\Delta L}{L}$$

일반적으로 연강을 당겼을 때의 응력-변형 선도는 **그림 3-11**과 같이 나타난다. 응력과 변형의 관계는 처음에는 비례 관계이며, 이 범위 내에서 하중을 제거하면 금속은 원래 길이로 돌아간다. 이를 탄성이라고 한다. 하지만 탄성 한도를 초과하여 하중을 가하면 응력과 변형의 관계는 정비례하지 않고 곡선으로 나타난다. 이 범위에서는 하중을 제거해도 금속의 변형은 남게 된다. 이를 소성이라고 한다. 또 원래 길이에 대한 변형량의 비율을 변형이라고 하며 원래대로 돌아가지 않는 변형을 영구 변형이라고 한다.

응력이 증가하지 않고 변형만 증가하는 현상을 항복이라고 하며, 연강에서는 이 항복점이 뚜렷하게 나타나지만 일반 금속에서는 잘 나타나지 않는다. 이럴 때는 항복점 대신 영구 변형이 일정해지는 응력(일반적으로는 0.2%)을 이용하고 이를 내력이라고 한다.

그림 3-11 응력-변형 선도

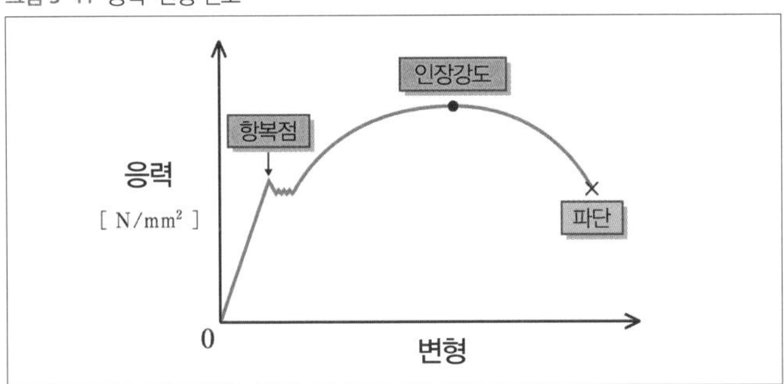

인장 실험에서 최대 응력을 나타내는 점을 인장강도라고 하며 재료의 강도를 나타내는 기준 중 하나이다.

③ 나사의 세기

나사의 세기를 따질 때도 응력-변형 선도가 중요한 지표가 된다. JIS에서는 작은 나사나 볼트의 강도 구분에 대해 다음과 같은 10단계로 분류하고 있으며 각각의 인장강도나 항복점, 경도 등의 기계적 성질을 규정하고 있다.

3.6　4.6　4.8　5.6　5.8　6.8　8.8　9.8　10.9　12.9

여기서 정수 부분의 숫자는 1mm^2당 강도 레벨, 소수점 이하의 숫자는 인장강도와 항복점(또는 내력)과의 비를 나타낸다.

예를 들어 12.9에서 12는 인장강도가 그 100배인 1200N/mm^2이며 9는 1200×0.9=1080N/mm^2까지는 영구 변형이 발생하지 않으며, 이 점이 항복점이라는 사실을 의미한다.

마찬가지로 4.8에서는 4는 인장강도가 그 100배인 400N/mm^2이고 8은 400×0.8=320N/mm^2가 그 항복점임을 나타낸다. 이러한 대푯값을 **표 3-1**에 정리했다. 또 보증 하중 응력이란 인장 하중을 가한 후 15초가 지난 후의 영구 신장이 12.5μm(마이크로미터, 1μm는 1미터의 100만분의 1) 이하라는 점을 보증하는 응력을 의미한다.

JIS B1051에는 인장강도의 최소치가 강도 구분별로 규정되어 있다.

표 3-1 나사의 최소 인장강도[N/mm^2]

기계적 성질	강도 구분									
	3.6	4.6	4.8	5.6	5.8	6.8	8.8	9.8	10.9	12.9
최소 인장강도 Rm[N/mm^2]	330	400	420	500	520	600	800	900	1040	1220

※ JIS B 1051 표3에서 발췌했다. 다만 8.8은 호칭 지름 d≦16mm의 값

나사의 최소 인장강도 Rm[N/mm^2]에 나사의 유효 단면적 As[mm^2]를 곱하면 그 나사의 최소 인장 하중[N]을 구할 수 있다. 예를 들어, 강도 구분이 10.9인 나사의 최소 인장강도는 **표 3-1**에 따르면 1040[N/mm^2]이다. M8 나사라면 유효 단면적은 **표 3-2**(92쪽)에 따라 36.6[mm^2]이기 때문에 최소 인장 하중은 1040×36.6=38100[N]으로 계산할 수 있다. 참고로 1[kg]=9.8[N]이기 때문에 38100÷9.8=3890[kg]으로 환산할 수도 있다. 나사의 최소 인장강도에 관한 대표적인 값을 **표 3-2**에 정리했다.

그리고 1999년 JIS에서 폐지된 나사의 강도 구분에 숫자 다음 T를 붙인 다음과 같은 표기가 있다.

4T　5T　6T　7T　11T

표 3-2 나사의 최소 인장 하중[kgf]

나사 호칭	유효 단면적 As[N/㎟]	강도 구분									
		3.6	4.6	4.8	5.6	5.8	6.8	8.8	9.8	10.9	12.9
M3	5.03	1660	2010	2110	2510	2620	3020	4020	4530	5230	6140
M4	8.78	2900	3510	3690	4390	4570	5270	7020	7900	9130	10700
M5	14.2	4690	5680	5960	7100	7380	8520	11350	12800	14800	17300
M6	20.1	6630	8040	8440	10000	10400	12100	16100	18100	20900	24500
M8	36.6	12100	14600	15400	18300	19000	22000	29200	32900	38100	44600
M10	58.0	19100	23200	24400	29000	30200	34800	46400	52200	60300	70800
M12	84.3	27800	33700	35400	42200	43800	50600	67400	75900	87700	103000
M14	115	38000	46000	48300	57500	59800	69000	92000	104000	120000	140000
M16	157	51800	62800	65900	78500	81600	94000	125000	141000	163000	192000
M18	192	63400	76800	80600	96000	99800	115000	159000	-	200000	234000
M20	245	80800	98000	103000	122000	127000	147000	203000	-	355000	299000
M24	353	116000	141000	142000	176000	189000	212000	293000	-	367000	431000

※ JIS B 1051 표5에서 발췌

예를 들어 4T에서 4는 인장강도가 40kgf/㎟임을 나타내며 현재 표기와 같이 항복점은 나타내지 않는다. 덧붙여 T는 인장강도의 앞 글자를 의미한다.

이 표기는 앞으로는 완전히 폐지될 것으로 보이지만, 지금도 부속서로 남아 있기 때문에 종종 발견될 수도 있다. 다만 현행의 강도 구분에 12.9T와 같이 T를 붙인 표기는 없으므로 혼동하지 않도록 주의하자. 신구의 강도 구분에 대한 대응을 **표 3-3**으로 정리했다.

표 3-3 강도 구분의 대응

부속서의 강도 구분	본체의 강도 구분
4T	4.6 또는 4.8
5T	5.6 또는 5.8
6T	6.8
7T	8.8

그리고 단단하고 녹슬지 않는 성질을 가진 스테인리스강 나사 부품은 A2-70과 같이 표기한다. 여기서 첫 번째 영문자와 숫자는 강종 구분을 나

타내며 뒤에 있는 숫자는 강도 구분을 의미한다.

예를 들어, A2-70에서 A2는 오스테나이트 계열 화학 조성을 갖는 스테인리스강을 나타내며 70은 인장강도의 1/10 값을 나타낸다. 즉, 70이란 700N/㎟의 인장강도가 있다는 점을 나타낸다. 또 오스테나이트계에는 A1~A5, 페라이트계에는 F1, 마르텐사이트계에는 C1~C4 등의 강종 구분이 있다.

표 3-4 스테인리스 나사의 강도(예시)

사이즈	성상 구분	재료 구분			기계적 성질		
		재료의 조직 구분	강종 구분	대표 강종	인장강도 (최소)	내력 (최소)	신장 (최소)
M20 이하	A2-70	오스테나이트 계열	A2	SUSXM7 SUS304 SUS305	700N/mm^2 (71.4kgf/mm^2)	450N/mm^2 (45.9kgf/mm^2)	0.4d
M22~M39	A2-50				500N/mm^2 (51.0kgf/mm^2)	210N/mm^2 (21.4kgf/mm^2)	0.6d

④ 너트의 강도

JIS에서는 너트의 강도를 다음의 7단계로 구분하고 있다.

4 5 6 8 9 10 12

예를 들어 강도 구분 5에서는 500N/㎟를 호칭 보증으로 하고, 나아가 너트의 호칭 지름 d에 대응한 실보증치는 4<d≦7이면 580N/㎟, 7<d≦10이면 590N/㎟ 등과 같이 설정하고 있다.

표 3-5 볼트와 너트의 강도에 따른 조합

너트의 강도 구분	4	5	6	8	9	10	12
볼트의 강도 구분	3.6	3.6					
	4.6	4.6			8.8	10.8	
	4.8	4.8	6.8	8.8	9.8	10.9	12.9
		5.6					
		5.8					

그리고 **표 3-5**와 같이 볼트와 너트의 강도에 따른 조합도 정해져 있다. 예를 들어 너트의 강도 구분 4에서 조합할 수 있는 볼트의 강도 구분은 3.6, 4.6, 4.8이 된다. 그리고 이 조합은 볼트의 강도에 맞춘 너트를 사용하지 않으면 강도가 약한 나사부가 파손된다는 뜻이다.

3-3 나사의 풀림과 조임

나사가 풀리지 않으려면 적절한 조임력으로 조이고 그를 유지할 수 있어야 한다. 그러나 현실적으로 절대 풀리지 않도록 하기는 어려워서 나사가 풀리는 일이 발생한다. 나사의 풀림은 종종 큰 사고로 이어지기 때문에 풀림 방지에 관한 다양한 연구가 진행되고 있지만, 풀림의 메커니즘은 아직 완전히 밝혀지지 않았다. 따라서 나사의 풀림 가능성을 완벽하게 제로로 만들 수 없는 것이 현실이다. 하지만 나사를 풀리게 하는 몇 가지 요인은 알려져 있다. 여기에서는 나사가 풀리는 것이 무엇을 의미하는지 그 메커니즘에 대해서 알아보자. 그리고 나사의 풀림 원인은 하나가 아니다. 대부분 여러 요인이 복합적으로 얽혀서 풀림이 발생한다.

나사의 풀림에는 나사가 회전하지 않고 풀리는 비회전 풀림과 나사가 회전하면서 풀리는 회전 풀림이 있다.

그림 3-12 나사의 풀림

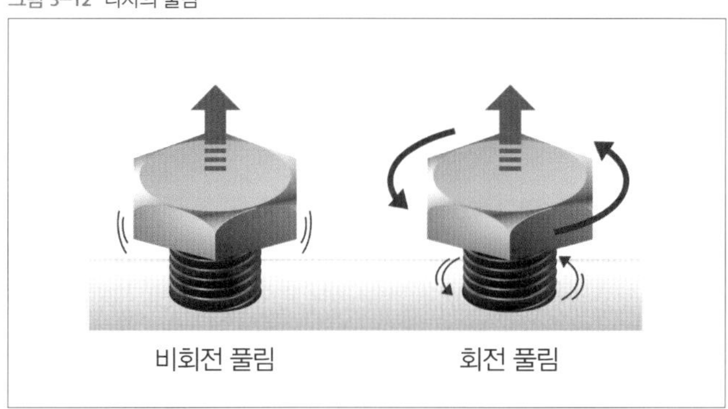

① 비회전 풀림

어떤 나사든지 조이고 시간이 흐르면 표면의 거칠기나 미세하게 움푹한 부분이 영향을 미쳐서 체결부의 소성변형이 발생한다. 이를 초기 풀림이라고 하며 이는 조여질 때 거의 완료되지만 그 후에 작용하는 외력에 의해서도 어느 정도 진행된다. 그러므로 조일 때는 이 초기 풀림을 고려하여 설계 작업을 해야 한다. 또 체결의 면압이 너무 크면 체결부의 표면이 소성 변형하여 함몰될 수 있다. 이를 함몰 풀림이라고 하며, 소성변형이 진행되면 나사가 회전하지 않아도 풀림이 발생한다. 이외에도 나사의 체결부가 외력이나 진동 등으로 인해 미끄러져서 발생하는 풀림, 재질이 다른 나사의 체결부에 열이 가해질 때, 열팽창률의 차이로 인해 발생하는 열응력에 의한 풀림 등도 있다.

그림 3-13 비회전 풀림

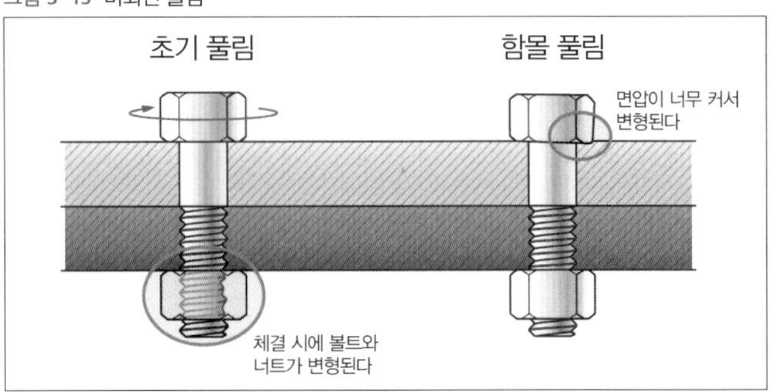

다만 비회전 풀림은 압력이나 온도, 윤활 상태 등 원인을 물리적으로 조절할 수 있으므로 대략적인 예측을 한 후에 조일 수 있다. 또 이러한 세부 사항을 기록한 나사 체결에 관한 가이드북도 있다.

② 회전 풀림

회전 풀림의 메커니즘에 대해서는 아직 해명되지 않은 점도 많다. 다만 큰 원인으로 외력과 진동을 꼽을 수 있다. 나사 축에 대해 작용하는 힘의 작용 방향 차이에 따라 다음의 세 종류로 분류된다.

나사 체결부에 축을 회전시키는 외력이나 진동이 작용하면 나사의 마찰각이나 리드각이 변화하여 나사가 느슨해진다. 또 축 직각 방향으로 반복적인 외력이나 진동이 작용하면 접촉부가 미끄러지면서 나사가 느슨해진다. 축 방향으로 외력이나 진동이 반복적으로 작용하면 나사는 인장과 압축을 반복적으로 받게 된다.

그림 3-14 회전 풀림

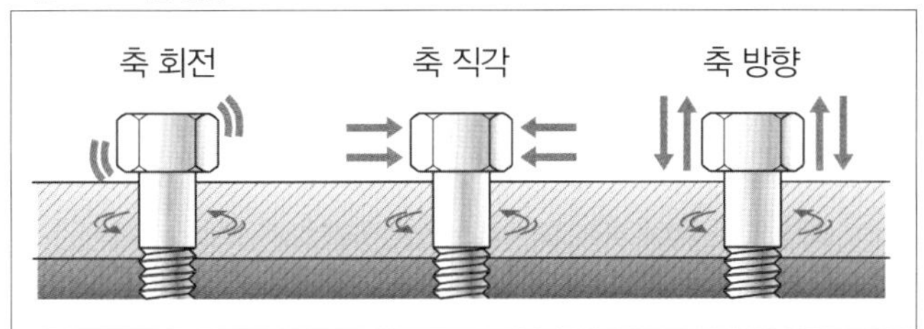

회전 풀림을 방지하기 위해서는 자리면의 마찰을 크게 하는 것이 하나의 방법이다. 구체적으로는 앞서 소개한 각종 와셔를 이용하는 방법이나 나사 머리의 아랫면에 플랜지나 칼라가 붙어 있는 나사를 이용하는 방법 등을 들 수 있다.

③ 나사의 조임

작은 나사나 볼트 등을 너트나 부품에 있는 암나사와 끼워서 결합하는 것을 나사의 조임이라고 한다. 나사의 조임이 느슨하면 당연히 나사는 느슨해진다. 하지만 나사는 너무 조여도 느슨해질 수 있다. 따라서 나사를 조일 때는 그저 큰 힘을 가하는 것이 아니라 하나하나의 나사에 적절한 조임력을 부여해야 한다.

일본나사공업협회의 조사에 따르면 나사체결체와 관련된 트러블의 주요 원인은 **표 3-6**과 같아서 조임과 관련된 부분이 큰 비중을 차지하고 있다고 한다.

표 3-6 나사 체결체의 트러블

주요 원인	비율(%)
체결 불량	43
풀림	20
피로 파괴	12
보수관리 불량	9
제품 불량	8
지연 파괴	4
설계 불량	4

일반적인 기계 부품의 나사 조임 시에는 초기 조임력의 목표치인 허용 응력을 그 나사 항복점(또는 내력)의 60~80% 범위에 둔다. 이는 나사 체결체에 외력이 작용했을 때에도 나사에 가해지는 내부응력이 재료가 변형하지 않는 탄성 범위 내에 속하도록 하기 위해서이다.

그렇다면 만약 나사를 대량으로 조여야 할 때는 어떻게 조임력을 관리할까? 여기서는 나사의 체결력이 어떻게 정해지는지 알아보자.

나사의 조임 토크는 먼저 축 방향으로의 조임력인 축력으로 작용한다. 그러나 실제로 이 결속력은 전체의 불과 10% 정도인 것으로 알려져 있다. 그렇다면 나머지 90%는 어떤 힘으로 작용할까? 그 답은 마찰력으로, 여기에는 나사의 나사면에서의 마찰 토크(약 40%)와 자리면의 마찰력(약 50%)

그림 3-15 나사의 조임 토크

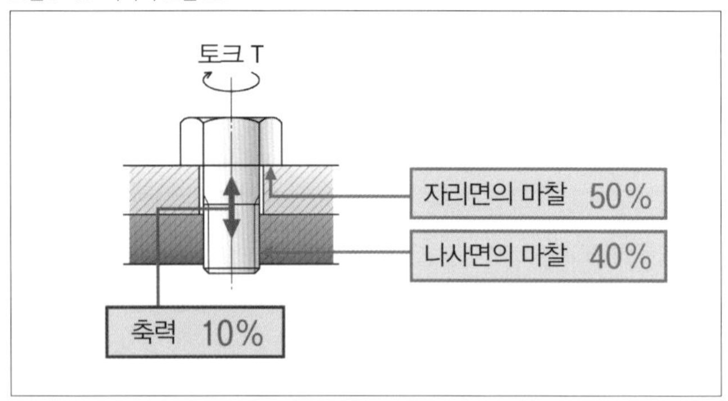

이 있다. 다시 말해서 조임 토크의 약 90%는 조임력이 아니라 마찰력으로 작용하는 것이다.

따라서 마찰면에 작용하는 마찰계수를 제대로 관리하지 못하면 적정한 조임력을 얻을 수 없다. 하지만 이 마찰계수는 윤활 상태 등에 따라 크게 변동하므로 측정하기가 매우 어렵다. 그래서 적절한 체결력을 얻기 위한 축력을 구하기가 쉽지 않다.

정확하게 축력을 관리하기는 어렵지만 다음과 같은 방법으로 추정하고 있다.

④ 나사의 조임법

토크 조임법이란 토크 렌치 등의 공구로 토크를 측정하면서 그 크기를 조임의 지표로 삼아 조임 관리를 하는 방법을 말한다. 이 방법에서는 나사의 조임력과 조임 토크는 기본적으로 정비례한다고 간주한다. **그림 3-16**에 보이는 두 개의 직선은 편차의 범위를 나타낸다.

그림 3-16 조임 토크와 조임력

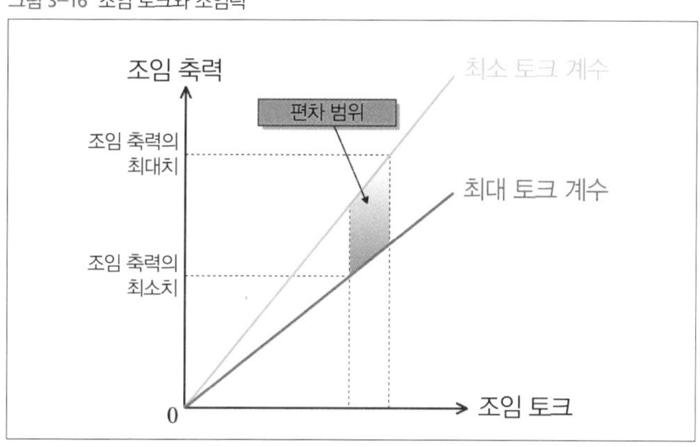

이 방법을 통한 측정은 비교적 쉽고 정확하다고 생각되지만, 앞에서 이야기했듯이 나사 자리면의 마찰계수의 변동으로 인해 축력도 변동한다는

문제가 있다. 근사식 등도 제안되었지만, 마찰계수의 변동을 없애는 것이 어려워서 정확한 측정을 하는 데는 한계가 있다.

회전각 조임은 너트를 조여서 볼트에 일정한 회전각을 주고, 조임 회전각을 조임의 지표로 사용하여 조임 관리를 하는 방법이다. **그림 3-17**에서 일반적인 볼트의 축력과 회전각의 관계를 나타냈다.

그림 3-17 볼트의 길이와 조임 축력과의 관계

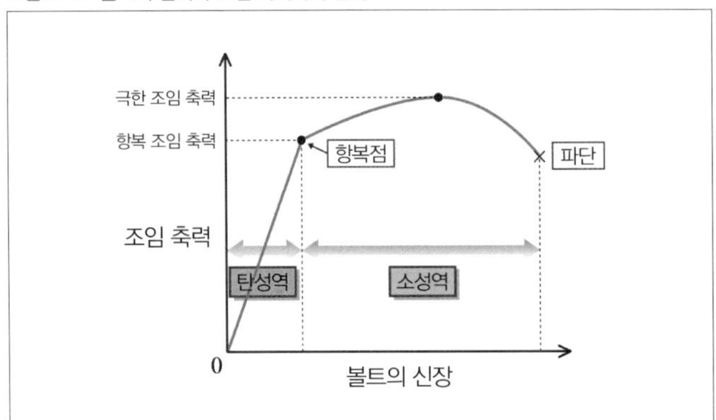

탄성역에서의 거동은 토크 조임법과 마찬가지로 토크의 영향을 받는다. 조였는데 볼트가 항복하지 않는 범위의 조임을 탄성역 조임법이라고 한다. 또 너트를 회전시켜서 볼트를 소성역 상태로 만들면 너트의 회전각량 증가가 볼트의 축력에 별 영향을 주지 않는다. 따라서 정도가 높은 조임을 얻기 위해서는 항복점을 넘은 소성역에서 조여야 할 필요가 있다. 이를 소성역 조임법이라고 하며 탄성역이 아닌 소성역에서 조이기 때문에 볼트의 조임력의 편차가 적어지는 특징이 있다. 그러므로 같은 결속력이 필요하다면 보다 가는 볼트를 이용할 수 있다. 이것이 경량화와 저비용으로 이어지기 때문에 자동차 부품을 비롯한 양산품 볼트 관리에 많이 사용되고 있다.

3-4 나사를 조이는 공구

나사를 조이는 공구에는 다양한 종류가 있으므로 알맞은 공구를 골라서 적재적소에 사용하도록 하자.

① 드라이버

작은 나사를 조일 때 사용하는 대표적인 조임 공구는 드라이버이다. 일반적으로 나사돌리개라고도 불린다. +자 홈이 있는 작은 나사용 플러스 드라이버가 일반적이지만, 홈불이 머리의 마이너스 드라이버도 있다. 드라이버의 치수는 JIS에 규정되어 있으며, 플러스 드라이버의 경우 0번부터 4번까지의 호칭 번호에 따른 기준 치수가 결정되어 있다. 0번은 나사의 지름이 2㎜ 이하인 안경 등의 작은 나사에 사용되며, 1번은 지름이 약 2㎜인 작은 나사에 사용된다. 일반적으로 많이 사용되는 것은 2번으로 지름이 3~4㎜ 정도인 작은 나사에 사용한다. 3번은 지름이 약 6㎜ 전후, 4번은 지름이 약 8㎜ 전후인 나사용 드라이버로 사용된다.

그림 3-18 드라이버

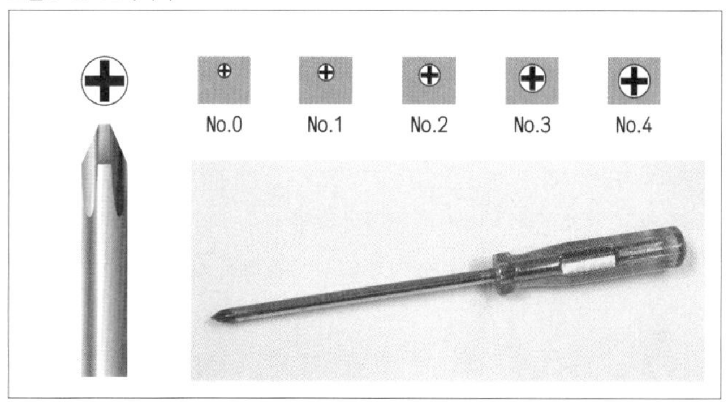

드라이버를 이용한 조임은 나사 홈에 수직으로 안쪽까지 꽂은 후 손잡이를 단단히 잡고 나사에 힘을 가하면서 회전시켜 조인다. 플러스 드라이버는 나사 홈에 드라이버 끝단을 맞추어 돌릴 수 있으면 자연스럽게 맞물리기 때문에 작업성이 뛰어나다. 선단에 자력이 있는 드라이버는 나사가 잘 떨어지지 않으므로 작업성이 향상된다.

드라이버를 몇 바퀴 돌릴 때는 드라이버 손잡이를 교체해야 하는데 한 방향으로만 회전하는 래칫 기구를 내장한 래칫 드라이버에서는 손목을 회전시키기만 하면 나사 조임이 가능하여 편리하다. 또 래칫 드라이버의 회전 방향은 좌우를 전환할 수 있는 것이 많아서 회전을 고정하면 일반 드라이버와 똑같이 이용할 수도 있다. 일반적인 래칫 드라이버의 선단에는 비트라고 불리는 다양한 드라이버의 머리를 장착하여 사용한다.

그림 3-19 래칫 드라이버와 비트

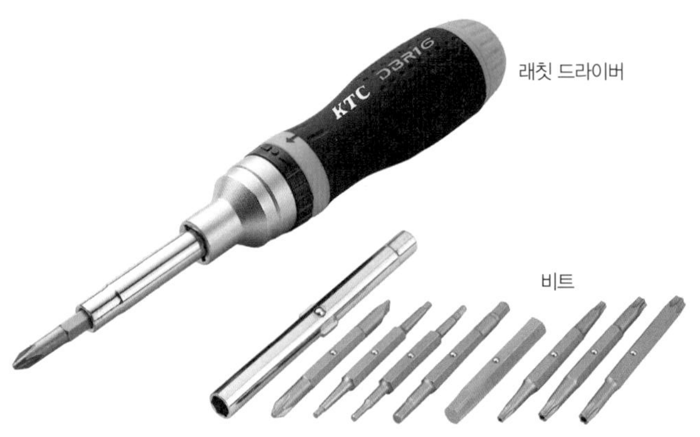

나사의 조임 토크를 적정하게 관리해야 할 경우에는 설정값 이상의 토크가 가해지면 드라이버가 헛돌게 하는 기구가 내장된 토크 드라이버가 편리하다.

안경이나 시계 등의 작은 나사를 조이는 데 사용되는 드라이버가 정밀

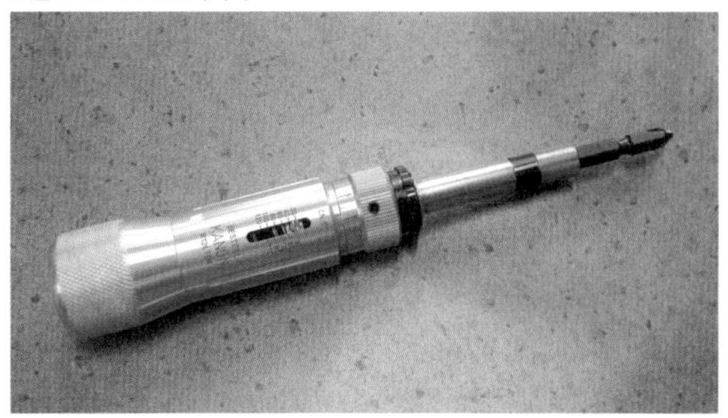
그림 3-20 토크 드라이버

드라이버이다. 손잡이 끝에 헛도는 원반 모양의 받침이 있어서 나사에 대해 드라이버를 수직으로 유지하는 데 도움이 된다. 보통 6개 정도로 구성된 세트로 판매되고 있다.

그림 3-21 정밀 드라이버

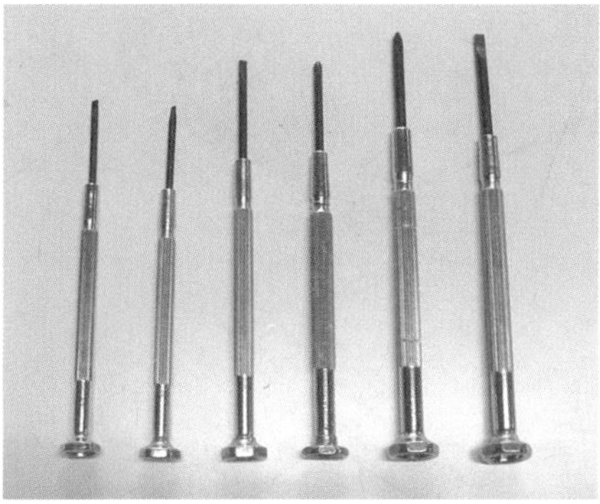

② 6각 렌치

6각 구멍붙이 볼트나 6각 구멍붙이 멈춤나사를 조이거나 풀기 위해 사용되는 공구가 6각 렌치이다. 드라이버식이나 소켓식을 비롯하여 여러 가지 크기를 세트로 묶은 6각봉 렌치 등이 있다.

그림3-22 6각봉 렌치

③ 안경 렌치

안경 렌치는 핸들의 양 끝으로 볼트와 너트의 전체를 감싸 확실하게 조이는 도구다. 그 형상이 안경과 비슷하여 안경 렌치라는 이름이 붙었다.

그림3-23 안경 렌치

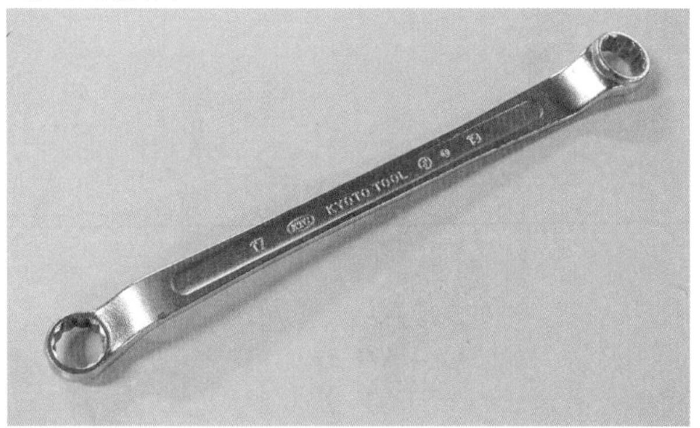

④ 몽키 렌치

볼트나 너트를 잡는 입 부분의 개폐를 웜기어로 조절하여 사용할 수 있는 공구가 몽키 렌치이다. 몽키 렌치의 특징은 그 개구부를 자유롭게 조정할 수 있다는 것이며, 그 렌치 범위 내에서 조일 수 있다. 다만 이 기어부에서 덜컹거림이 발생할 수 있다.

그림 3-24 몽키 렌치

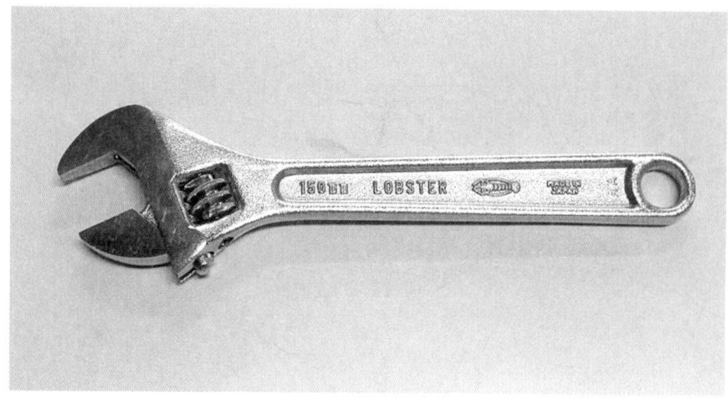

⑤ 소켓 렌치

렌치 부분과 소켓 부분이 나뉘는 렌치로 통칭 코마라고 불리는 소켓을 볼트나 너트에 맞는 사이즈로 변경할 수 있는 공구가 소켓 렌치이다.

그림 3-25 소켓(12각)

소켓에는 6각과 12각이 있다. 6각 볼트를 조일 때, 12각이 6각보다 잘 맞으므로 작업성이 향상된다. 다만 접촉 면적은 줄어들기 때문에 확실하게 조이고 싶을 때는 6각을 이용한다.

소켓 렌치의 결속에는 전용 래칫 핸들 등이 사용된다.

그림 3-26 래칫 핸들

⑥ 스패너

6각 볼트를 조일 때 사용하는 대표적인 공구가 스패너이다. 한쪽에만 입을 가진 편구 스패너, 양쪽에 입을 가진 양구 스패너 등이 있으며 광범위한 사이즈가 필요할 때는 각각의 크기에 맞는 스패너를 준비해야 한다.

스패너는 일반적인 조임은 물론이고 래칫이 들어가지 않는 장소, 안경

그림 3-27 편구 스패너

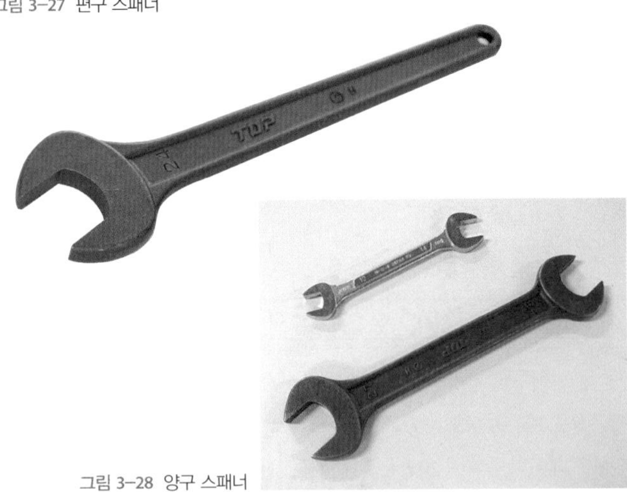

그림 3-28 양구 스패너

렌치로 구멍을 맞추기 어려운 장소 등에서 사용된다는 특징이 있다.

또 렌치(wrench)는 미국 영어, 스패너(spanner)는 영국 영어이지만 일본어에서는 끄트머리가 개방된 것을 스패너, 그 이외를 렌치라고 부르는 경우가 많은 듯하다.

그리고 더욱 큰 조임력이 필요할 때에는 전동이나 공기압, 유압에 의해 작동하는 각종 드라이버 토크 렌치를 이용하면 좋다.

그림 3-29 전동 드라이버

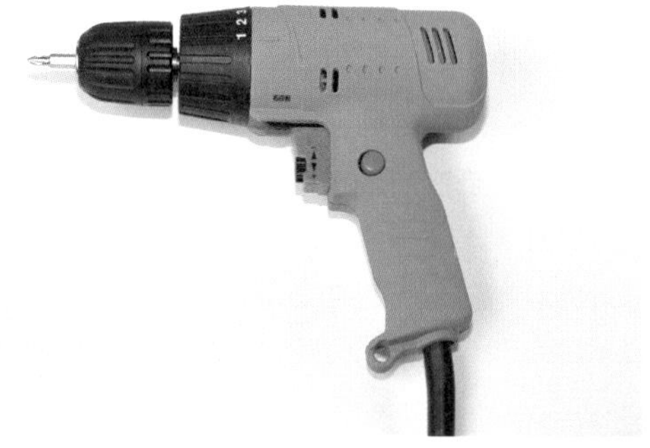

3-5 나사 풀림 방지

나사 풀림 방지 대책으로는 다음과 같은 방법이 있다.

① 더블 너트

체결부에 2개의 너트를 이용하여 풀림을 방지하는 방법이 더블 너트이다. 가장 먼저 너트(하부 너트) 하나로 대상물을 조인다. 그런 후 하부 너트를 고정하면서 또 다른 너트(상부 너트)로 조이면 두 너트 사이에 서로 미는 힘이 발생하여 풀림을 방지한다. 이 방법은 비교적 작은 풀림 방지에는 적합하지만 강력한 풀림 방지 효과는 기대할 수 없다.

그림 3-30 더블 너트

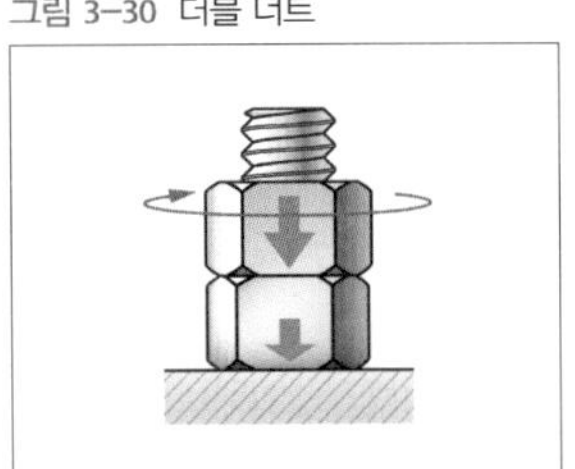

② 분할 핀

반원 선재를 구부려 단면 형상을 둥글게 한, 축부와 링 모양의 머리를 가진 분할 핀(코터 핀)을 볼트나 리벳 등에 뚫은 구멍에 꽂아서 다리를 벌림으로써 풀림을 방지하는 방법이 있다.

그림 3-31 분할 핀

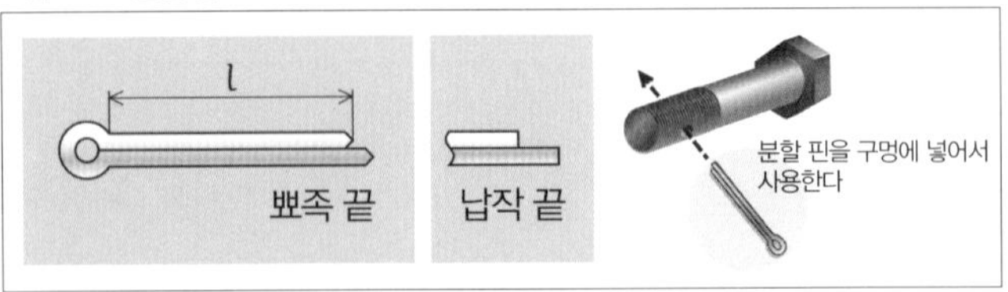

③ 로크 와이어

나사에 와이어를 감는 로크 와이어(lock wire)도 원시적인 방법이지만 항공기 관련 분야에서는 많이 이용되고 있다. 다만 이러한 방법도 핀이 파손될 가능성이 있으므로 조임력의 저하를 늦추는 정도라고 생각하는 편이 좋다.

그림 3-32 로크 와이어

④ U-너트

너트와 프릭션 링(특수 스프링)의 2점으로 이루어져 있으며, 이를 일체화한 것이 U-너트이다. 이 너트를 조이면 프릭션 링이 볼트의 나사산에 접지한다. 거기서부터 나사산을 따라 프릭션 링이 휘어지기 시작하여 볼트의 나사면을 눌러 넣는다. 스프링의 돌아오려고 하는 힘과, 볼트와 너트 간에 서로 끌어당기는 힘이 작용하여 풀림이 방지된다.

그림 3-33 U-너트

자료 제공: 후지정밀

⑤ 하드 로크 너트

쐐기의 원리를 이용하여 강력한 풀림 방지 효과를 얻는 것으로 하드 로크 너트가 주목받고 있다. 이 너트는 상단 너트와 하단 너트가 서로 쐐기 모양으로 생겼다. 장착부재에 볼트를 통과시킨 후 먼저 하단 너트를 볼트에 넣고, 그다음에 상단 너트를 볼트에 넣으면 강력한 체결이 가능하다. 쐐기의 원리를 조금 더 설명하면 다음과 같다.

우선 너트와 볼트 일부에 키 홈을 설치하고 망치로 쐐기를 박은 다음에 망치 대신 다른 너트로 틈새에 쐐기를 삽입한다. 이 상태에서는 작업성 등에 문제가 생기므로 쐐기 모양의 볼록 너트를 키 홈 형상의 오목 너트로 조인다. 그러면 쐐기를 박은 상태가 되어 너트와 쐐기가 일체화된다. 마지막으로 요철 너트를 반대로 하면 하드 로크 너트가 완성된다.

그림 3-34 쐐기의 원리

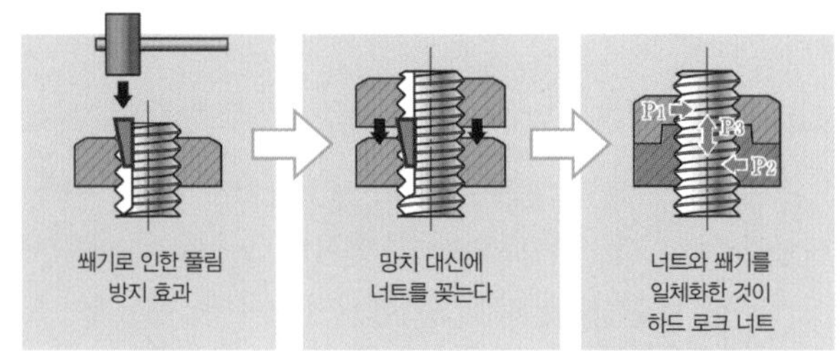

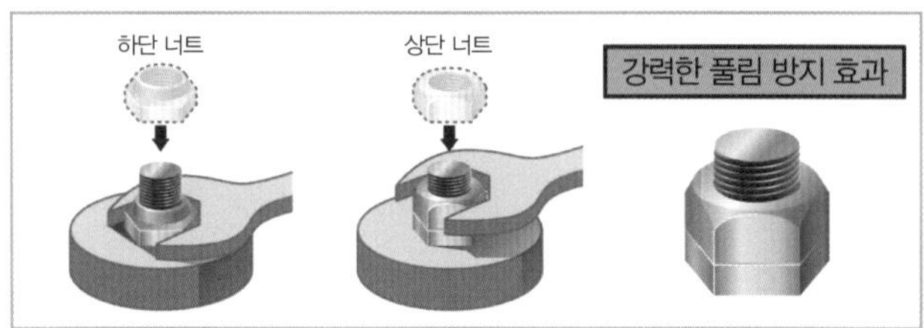

자료 제공: 하드로크공업

⑥ 접착제

나사의 풀림 방지에 이용하는 접착제도 개발되어 있는데 이들을 총칭하여 나사록이라고 부른다. 그중에서도 공기가 차단되면 경화되는 혐기성 접착제를 세계 최초로 개발한 업체인 록타이트가 유명하다. 이 접착제는 나사를 조여 공기가 차단되기 전까지는 굳지 않기 때문에 작업이 쉽다는 특징이 있다.

그림 3-35 나사록

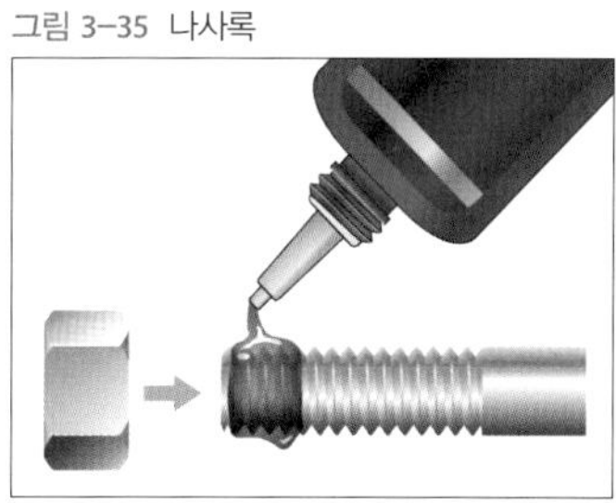

⑦ 실링 테이프

기계요소 전반의 실링재인 실링 테이프는 나사 풀림 방지에도 많이 사용된다. 실링 테이프는 수도관이나 공기관 등 액체나 기체를 이끄는 배관의 접속 부분 등에 생긴 틈을 메우기 위해 사용된다.

그림 3-36 실링 테이프

나사 머리가 뭉개지면?

분명히 알맞은 공구를 선택해서 나사를 조였는데도 나사의 머리가 뭉개지는 일이 있다. 그러한 경우에는 어떻게 복구하면 좋을까? 나사의 종류와 재질, 눌린 정도에 따라 대처법이 달라지는데 완벽한 방법은 없다. 지금부터 몇 가지 방법을 소개하겠지만 성공하지 못할 수도 있다는 점을 염두에 두고 도전해 보길 바란다.

① 나사의 머리를 잡아 올리는 방법

나사 머리가 조금이라도 튀어나와 있고 펜치 등의 공구로 머리를 잡을 수 있다면 제대로 잡아서 돌리면 뺄 수 있다.

그림 3-37 공구로 잡는다

② 가는 일자 드라이버를 사용하는 방법

+자 구멍의 머리가 뭉개졌을 때(일반적으로 '나사가 헛돈다'라고도 한다)는 끝이 가는 일자 드라이버(정밀 드라이버도 좋다)로 돌리면 뺄 수도 있다.

그림 3-38 가는 일자 드라이버로

③ 드라이버째로 접착시키는 방법

나사의 머리가 뭉개진 부분에 순간접착제 등을 흘려 넣어 드라이버의 끝을 굳혀 버리면 분리할 수 있다. 하지만 사용한 드라이버는 그 후로 사용할 수 없게 될 것이다.

그림 3-39 접착제로

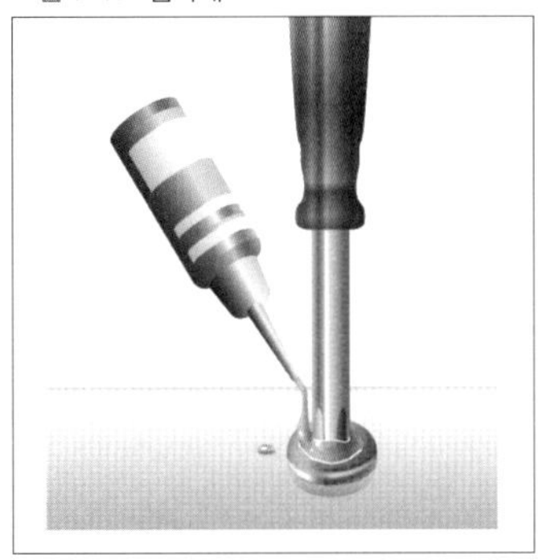

④ 다른 구멍을 뚫는 방법

나사 머리에 드릴로 가는 구멍을 낸 후 탭으로 암나사를 자를 수 있다면 여기에 수나사를 맞춰서 분리할 수 있다.

그림 3-40 드릴과 탭으로

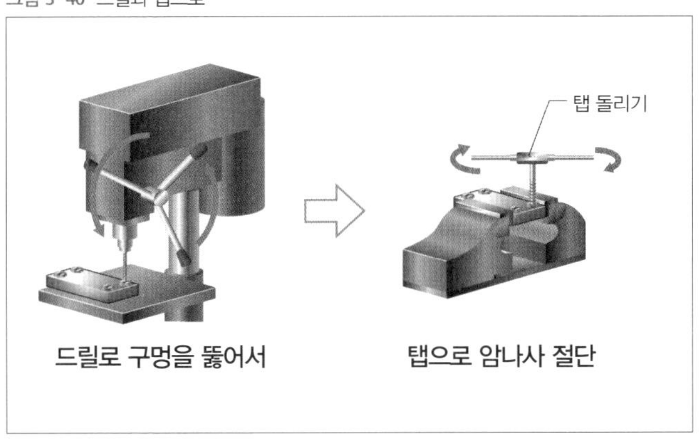

나사를 만들다

지금까지 다양한 나사를 살펴보면서 나사의 머리부와 나사산의 원리가 궁금해진 사람도 있을 것이다. 제4장에서는 나사의 재료를 소개한다. 크고 작은 나사가 어떻게 정밀하게 만들어지는지를 알아보자.

4-1 나사의 재료

① 철강 재료

대부분 나사는 저렴하고 구하기 쉬우며 강도와 인성(toughness)을 겸비한 철강 재료로 만들어진다. 많은 철강 재료는 열처리로 인해 그 특성을 적절하게 변화시킬 수도 있다. 여기서 철강 재료란 순도가 100%인 순철(iron)이 아니라 철과 탄소를 주성분으로 하는 탄소강(steel)을 의미하며, 일반적으로 이를 줄여서 강(鋼)이라고 표기한다. 탄소강은 0.02~2%의 탄소(C), 0.20~0.8%의 망간(Mn), 그 외에 규소(Si), 인(P), 황(S) 등을 포함한다. 대표적인 탄소강으로는 다음의 두 종류가 있다.

일반구조용 압연강재(SS재)는 철강 재료 중에서 가장 많이 생산되며, 차량이나 선박, 다리 등 일반적인 구조물에 사용된다. SS는 Steel for Structure의 약자이다. 실제로는 SS400과 같이 SS 뒤에 숫자를 붙이는데 여기서 400이라는 숫자는 인장강도의 최소 보증치가 400N/㎟라는 것을 의미한다.

기계구조용 탄소강(S-C재)은 SS재보다 더 가혹한 조건에서 사용되는 재료이다. 구체적으로는 빠르게 회전하면서 큰 힘을 지탱하거나 전달하는 톱니바퀴나 축 등에 사용된다. 실제로는 S45C와 같이 S와 C 사이에 두 자리 숫자가 들어가지만, 이는 포함된 탄소의 비율을 나타낸다. 즉 S45C는 탄소를 0.45% 함유한다는 의미이다. 또 C는 Carbon의 약자이다. S-C재는 SS재보다 신뢰도가 높은 고급 재료라고 할 수 있다.

냉간압조용으로 개발된 재료로 현재 나사 가공 방식의 주류로 사용되는 것은 냉간압조용 탄소강선(SWCH: carbon Steel Wire for Cold Heading and cold forging의 약자)이다. 이 재료는 탄소를 0.53% 이하, 망간을 1.65% 이하 함유하며, 냉간압조에서 중요한 표면 품질과 기계적 특성, 선재 굵기의 정도 등이 세밀하게 규정되어 있다.

작은 나사에 많이 사용되는 모델 번호로는 SWCH10R이나 SWCH16A 등이 있으며, 두 자리 숫자는 각각 0.10%와 0.16%의 탄소를 포함한다는 내용을 의미한다. 일반적으로 탄소 함량이 많은 재료일수록 높은 강도가 필요한 볼트 등에 사용된다. 일반적으로 림드강보다 킬드강이 조직이 균일하여 우수하다.

그림 4-1 냉간압조용 탄소강선

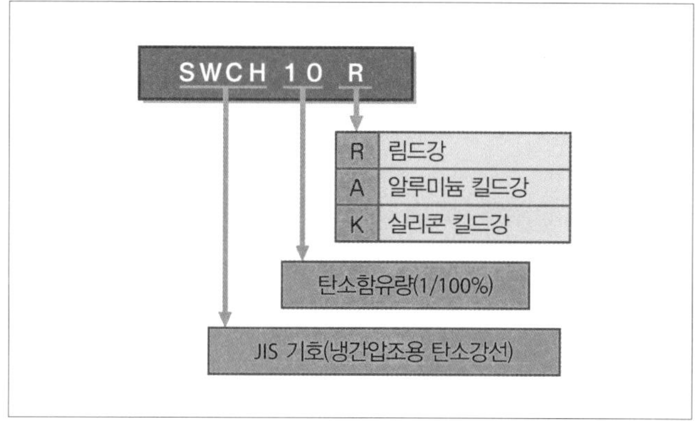

그리고 SWCH 재료는 신선(伸線) 제조업체가 만드는 나사의 재료이며, 제강업체는 이 신선을 만들기 위한 재료로 냉간압조용 탄소강선재(SWRCH: carbon Steel Wire Rods for Cold Heading and cold forging의 약자)를 사용한다.

탄소강의 주요 5 원소인 탄소, 규소, 망간, 인, 유황 이외의 원소를 첨가한 것을 합금강이라고 한다. 강의 기계적 성질을 향상시키기 위해서 니켈이나 크롬, 몰리브덴 등의 원소를 첨가하고, 또 열처리를 통해 탄소강 이상의 고강도나 고인성을 갖게 할 수 있다.

나사의 재료로 자주 사용되는 합금강에는 다음과 같은 종류가 있다.

니켈크롬강(SNC)은 철에 탄소(0.12~0.40%), 니켈(1.00~3.50%), 크롬(0.20~1.00%)을 함유한 합금강으로 내식성과 내마모성이 뛰어나다.

크롬몰리브덴강(SCM)은 철에 탄소(0.13~0.48%), 크롬(0.90~1.20%), 몰리브덴(0.15~0.30%)을 함유한 합금강이다. 소입성(燒入性)이 양호하고 기계적 성질도 우수하다. 줄여서 크로몰리라고 부르기도 한다.

니켈크롬몰리브덴강(SNCM)은 철에 탄소(0.12~0.43%), 니켈(0.40~4.50%), 크롬(0.40~3.50%), 몰리브덴(0.15~0.70%)을 함유한 합금강이다. 소입성은 다른 강종보다 크고 합금강 중에서도 인장강도나 인성 등의 기계적 성질이 뛰어나다.

냉간압조용 탄소강선(SWCH)이 작은 나사나 태핑 나사 등의 재료로 사용되는 반면 각종 합금강은 더욱더 높은 강도가 필요한 볼트나 너트 등의 재료로 사용된다.

탄소강은 쉽게 녹슬기 때문에 제품으로 만들기 위해서는 도장이나 다양한 표면 처리가 필요하다. 크롬이나 니켈을 첨가하여 내식성을 부여한 합금강을 내식강이라고 하며, 그 대표적인 제품이 스테인리스강(SUS: Steel special Use Stainless)이다.

또한 '녹이 슨다'라는 말은 재료가 대기 중의 산소와 결합하여 산화되는 현상을 의미한다.

그렇다면 일반적인 강은 쉽게 녹이 스는데 스테인리스강은 왜 녹슬지 않을까? 그 이유는 철과 산소가 결합하기 전에 스테인리스강에 포함된 크롬이 산소와 결합하여 스테인리스강의 표면에 매우 얇은 막인 부동태 피막(산화피막)을 만들기 때문이다. 즉 이 피막이 철과 산소의 결합을 방지하는 것이다. 이 피막은 1~3나노미터(=1나노미터는 1미터의 10억분의 1)로 매우 얇게 형성된다. 또한, 니켈은 이 피막을 더 강화하는 역할을 한다. 이 부동태 피막은 가공할 때 파손될 수 있지만, 크롬이 대기 중의 산소와 반응하여 자기 회복이 가능하다는 특징도 있다.

스테인리스강은 함유한 주성분에 따라 다음과 같이 분류한다. JIS에 따른 스테인리스강의 모델 번호는 SUS 다음에 3개의 숫자로 분류된다. SUS는 일반적으로 '사스'라고 읽는다.

그림 4-2 부동태 피막의 작용

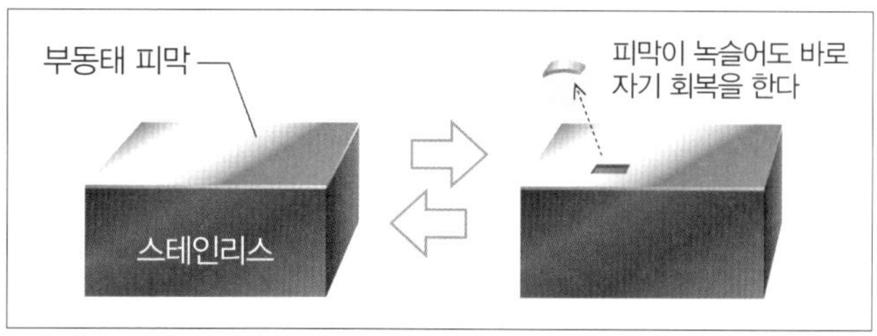

마르텐사이트계 스테인리스강(13% 크롬)은 강도와 경도 등의 기계적 성질이 우수하며, 상온에서 자성을 띠는 재료이다. 다른 스테인리스강보다 탄소 함량이 높기 때문에 내식성은 약간 떨어진다. 그래서 녹슬지 않는 것보다는 경도가 필요한 경우에 사용된다. 대표적인 강종은 SUS410이며, 열처리로 인해 딱딱해지기 때문에 태핑 나사에 사용한다.

페라이트계 스테인리스강(18% 크롬)은 강도보다 내식성이 우수한 재료로 가전 부품이나 건축 재료로 널리 사용된다. 대표적인 강종은 SUS430이며, 압조성이 우수해서 가혹한 냉간 성형 가공에도 견딜 수 있다. 자성이 있어서 나사 체결 시 작업성이 우수하지만, 냉간가공경화는 적기 때문에 태핑 나사처럼 나사산의 강도나 조임 토크가 필요한 나사에는 적합하지 않다.

오스테나이트계 스테인리스강(18% 크롬-8% 니켈)은 가장 내식성이 우수한 비자성 스테인리스강으로 강도 면에서도 우수해서 자동차, 철도 차량, 건축 재료, 화학 장비, 원자력 장비 등에 널리 사용된다. 대표적인 강종은 SUS304이며, 이 재료는 냉간가공을 가하면 크게 경화되어 재료가 깨지거나 부러질 수 있다. 그래서 현재는 압조용 나사 재료로는 거의 사용되지 않는다.

SUS304에 포함된 니켈을 늘리고 부드러운 금속인 구리를 첨가하여 강도와 내식성은 그대로 유지하면서 가공경화를 억제하여 냉간가공성을 향상시킨 재료로 SUSXM7 (18% 크롬-9% 니켈-3% 구리)가 있다. +자 홈붙이 작은 나사나 태핑 나사 대부분은 이 강종으로 제조되었으며 니켈을 함유해서 약간 금색을 띤다.

그림 4-3 철강 나사

냄비 작은 나사와 6각 너트

6각 볼트와 6각 너트

6각 구멍붙이 볼트

태핑 나사

② 구리 재료

구리(동)는 내식성, 전기 전도성, 열 전도성, 전연성 등 우수한 특성을 가진 재료이다. 인장강도 등의 기계적 특성은 철강 재료보다 떨어지지만 다양한 동합금이 있어 나사로 사용되기도 한다.

황동은 금이 아니지만 유일하게 금색을 낼 수 있는, 구리와 아연의 합금으로 색감이 아름답고 도금성이 우수하며 자성을 띠지 않고 납땜이 쉽다는 특징이 있다. 구리와 아연의 비율에 따라, 64황동(C2801), 74황동(C2600) 등으로 분류된다. 64황동은 황금색에 가까운 노란색이며, 아연의 비율이 높아질수록 색이 옅어지고 낮아질수록 붉은빛을 띤다. 황동 나사는 고급스러운 금색을 띠며 음질이 중요한 오디오 기기의 고정부 등에 사용된다.

청동은 구리와 주석의 합금으로 아연이나 니켈, 인 등을 합금 성분으로 함유하는 경우도 있다. 인청동(C5191, C5212 등)은 구리에 주석과 소량의 인을 첨가한 합금으로, 강도와 내마모성 등의 기계적 특성과 내식성이 우수하며 자성이 없는 특징이 있다. 백동(C7060, C7150 등)은 니켈을 포함한 은백색의 합금으로 내식성과 내해수성이 우수하며 동전 등에도 사용된다. 양백(C7351, C7451 등)은 백동에 아연을 첨가한 은백색의 합금으로 내식성이 우수하며 가공하기 쉬운 특징이 있다.

또 산화물을 포함하지 않는 99.995%의 고순도 구리인 무산소동(C1020)은 음향 기기나 전자악기의 고정부로 널리 사용되고 있다.

그림 4-4 구리 나사

홈붙이 냄비 머리 작은 나사(무산소동)

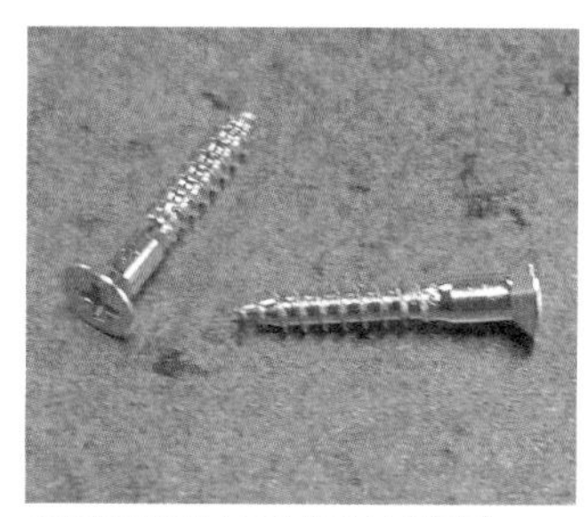
+자 홈붙이 접시 머리 작은 나사(황동)

홈붙이 냄비 머리 작은 나사(황동)

멈춤 나사(무산소동)

③ 알루미늄 재료

알루미늄은 비중이 철의 3분의 1로 가벼우며 전기전도성과 열 전도성, 전연성이 뛰어난 금속 재료이다. 또 알루미늄 합금으로 만들면 강철과 같은 정도의 강도를 얻을 수 있기 때문에 가벼움과 강도가 요구되는 상황에서 이용하고 있다. 알루미늄 나사는 아직 그만큼 보급되지 않았지만 항공 산업이나 의료 산업 등의 분야에서 그 특성을 살린 용도는 증가하고 있다. 다음으로 나사로 사용되는 대표적인 알루미늄 합금을 알아보자. 참고로 '○번대'라고 표기한 것은 JIS의 품번이다.

(1) Al–Cu계(2000번대)

열처리로 인해 뛰어난 강도와 경도를 가질 수 있는 합금으로 A2017(두랄루민)과 강도를 더한 A2024(초두랄루민) 등이 있지만 구리를 함유하고 있어서 내식성은 떨어진다.

(2) Al–Mg계(5000번대)

알루미늄 합금 중 가장 내식성이 뛰어나고 가공성도 좋으며 중강도이면서도 기계적 성질의 밸런스가 좋아서 많이 사용되는 합금이다. 대표적인 모델 번호로는 A5005나 A5052 등이 있다.

(3) Al–Zn–Mg계(7000번대)

알루미늄 합금 중에서 최대 강도이며 A7075(초초두랄루민)는 항공기 등에 이용되고 있다. 하지만 Al-Mg 계열보다 내식성은 떨어진다.

대표적인 강재인 SS400의 인장강도는 400MPa였다. 알루미늄 합금에서 이보다 큰 강도를 가진 것은 A2017(430MPa), A2024(490MPa), A7075(580MPa) 등이다. 가장 내식성이 뛰어난 A5052(260MPa)는 강도 측면에서 SS400보다 못하다.

알루미늄 나사를 사용하는 경우에는 경량성과 내식성 중 어느 쪽을 중시

그림 4–5 알루미늄 나사

냄비 머리 작은 나사

6각 구멍붙이 볼트

6각 너트

하는지를 잘 생각해서 품번을 정해야 한다. 또 시장성이 아직 그리 크지 않기 때문에 비용이 적지 않겠지만 적재적소에 사용하면 분명 이점이 있을 것이다.

④ 티타늄 재료

티타늄은 내식성과 내열성이 뛰어나며 비중이 철의 3분의 2 정도인 비자성 금속재료이다. 항공우주 및 선박 해양, 화력 · 원자력 발전소 같은 대형 제품부터 골프 클럽 등 소형 제품까지 다양하게 사용된다. 또 생체 적합성이 뛰어난 특성을 활용하여 인공 치근 · 인공 뼈 등의 쓰임도 늘어나고 있다.

티타늄 재료는 순티타늄과 티타늄 합금으로 크게 구분된다. 순티타늄의 경우, JIS는 1종~4종으로 규정하고 있으며, 표준적인 순티타늄 2종(TP340)의 인장강도는 340~510MPa 정도이다. 또 티타늄 합금에는 순티타늄보다 내식성이 뛰어난 내식 티타늄 합금이나 인장강도가 1000MPa 이상인 고강도 티타늄 합금 등이 있다.

티타늄 나사는 티타늄 자체의 생산량이 아직 적다는 사실과 더불어 정련이 어렵고 가공성이 좋지 않다는 등의 이유로 그 시장성이 그리 크지 않다. 하지만 티타늄의 매장량은 풍부해서 앞으로의 기술 개발에 따라 그 용도가 확대될 수도 있다.

그림4-6 티타늄 나사

냄비머리 작은 나사

6각 구멍붙이 볼트

플랜지붙이 6각 너트

4-2 탭과 다이스

가공물에 나사부를 만드는 일을 나사내기 작업이라고 하며 수나사 절삭에는 다이스를, 암나사 절삭에는 탭을 사용한다.

① 다이스

다이스 작업에서는 깎아 낼 가공물의 지름에 맞는 다이스를 준비하여 가공물에 누르면서 회전시켜 나사산을 가공한다. 가공 방법에 대해서 조금 더 구체적으로 살펴보자.

① 나사 절삭을 원하는 봉재를 준비하고 바이스 등에 고정한다.
② 봉재의 지름에 맞는 사이즈의 다이스를 준비한다.
③ 고정 나사로 다이스 핸들에 고정한다.
④ 다이스를 봉재에 대고 핸들을 회전시키며 나사를 깎는다. 이때, 다이스의 방향은 M8 등의 각인 면을 아래로 해서 먼저 봉재에 닿도록 한다.
⑤ 다이스 핸들을 회전시키면서 가공물의 방향으로도 힘을 가한다. 먼저 오른쪽으로 약 1회전하여 다이스가 봉재에 물리도록 한다. 물림이 확인되면 아래로 누르는 힘은 필요하지 않게 된다.
⑥ 핸들의 양 끝을 양손으로 수평을 유지하면서 약 2분의 1회전한 후에 약 4분의 1회전만큼 원래대로 돌린다.

그림 4-7 다이스를 사용한 수나사 절삭

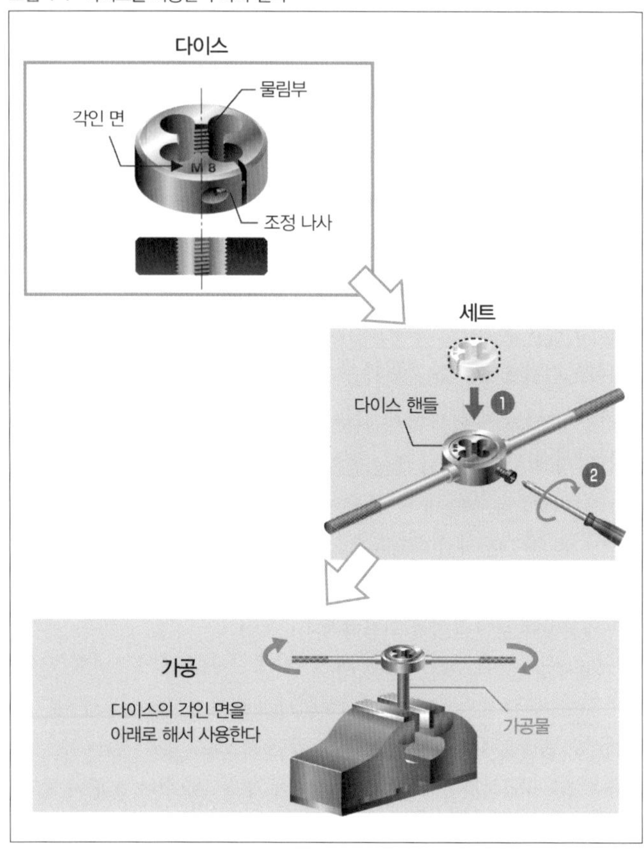

핸들을 돌릴 때 깎인 파편이 떨어진다. 이 동작을 반복하면서 조금씩 나사가 만들어진다. 핸들이 단단해질 때 절삭유를 넣어 주면 부드럽게 회전한다.

② 탭

탭 작업은 다이스와 마찬가지로 깎아 낼 작업물의 지름에 맞는 탭을 준비한다. 일반적으로 탭은 3개 세트(선단, 중간, 마무리)로 되어 있으므로 적절히 교체하면서 나사를 가공하면 된다. 가공 방법을 조금 더 구체적으로 살펴보자.

① 탭 작업을 시작하기 전에 깎고 싶은 가공물에 맞춰 암나사의 하단 홀을 미리 뚫는다. 하단 홀의 크기는 만들고 싶은 나사 지름의 약 0.80~0.85배로 만든다. 예를 들어 탭으로 지름 10㎜인 나사를 만들고 싶을 때는 하단 홀의 지름을 8㎜로 선택한다.
② 적절한 크기의 구멍을 뚫을 수 있으면 탭을 탭 회전기에 장착한다.
③ 탭을 아래 구멍에 꽂고 탭 핸들을 시계 방향으로 회전시키면서 나사 절삭을 진행한다. 핸들의 양 끝을 양손으로 잡고 수평을 유지하면서 약 2회전 한 후에 반 바퀴 되돌린다.

이때 깎인 파편은 구멍의 바닥에 쌓이므로 적절히 제거해야 한다. 이 작업을 반복하다 보면 조금씩 나사가 만들어진다. 다이스와 마찬가지로 처음 1회전에서 잘 물리는 것이 중요하다.

핸들이 단단해졌을 때 강제로 탭을 돌리면 탭이 부러질 수도 있으므로 중간에 절삭유를 넣으면서 가공한다. 일반적으로 탭은 3종류가 한 세트로 되어 있으며 선단 탭, 중간 탭, 마무리 순으로 사용한다.

그림 4-8 탭을 사용한 암나사 절삭

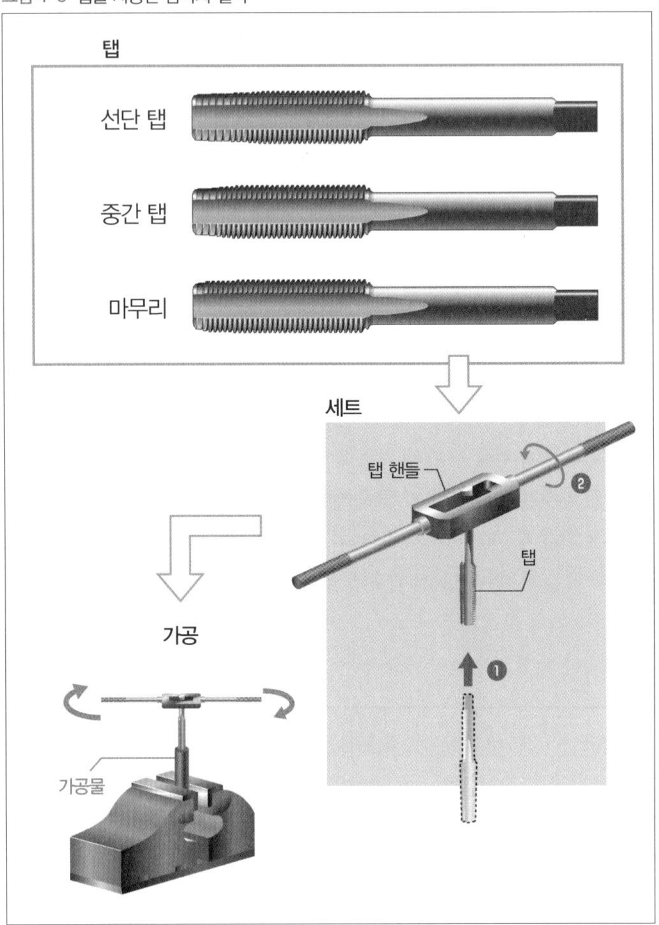

4-3 선반

① 선반

선반은 가공물을 회전시켜서 바이트라고 불리는 절삭날로 절삭가공을 하는 공작기계이다.

그림 4-9 선반의 구조

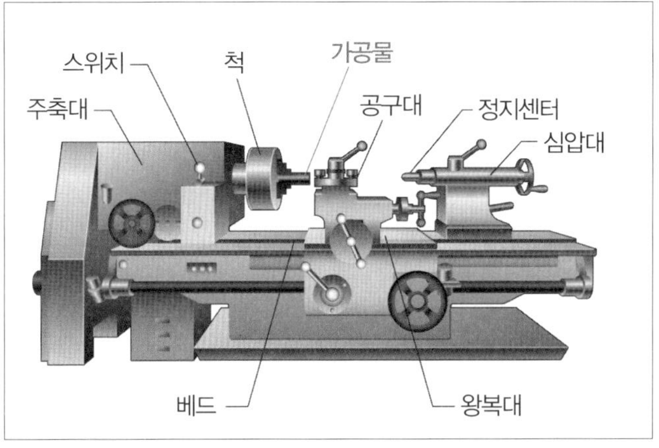

주로 원통형 가공물을 다루며 단면 절삭, 바깥지름 절삭, 홈 절삭, 수나사 절삭 및 암나사 절삭 등의 가공이 가능하다. 선반에는 다양한 종류의 바이트를 이동시키기 위한 레버나 변속용 레버 등이 많이 달려 있으므로 각각의 작용을 제대로 이해하고 안전하게 작업을 진행해야 한다.

그림 4-10 바이트와 드릴의 작동법

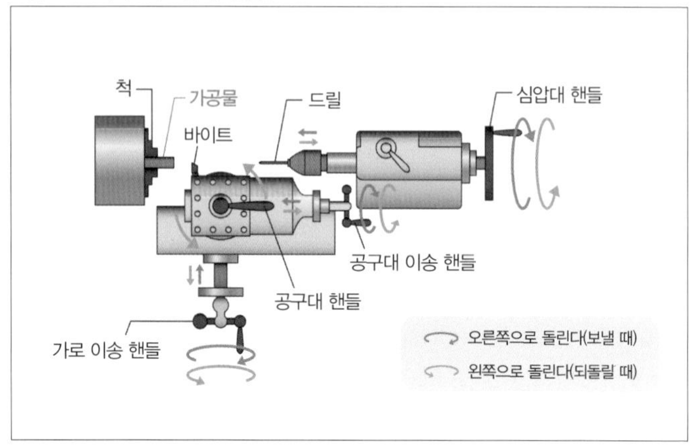

② 바이트를 사용한 나사 절삭

선반을 사용한 나사 절삭에는 나사 절삭 바이트를 이용한다. 수나사의 가공에는 수나사 절삭 바이트, 암나사 가공에는 암나사 절삭 바이트를 이용한다.

그림 4-11 나사 절단 작업

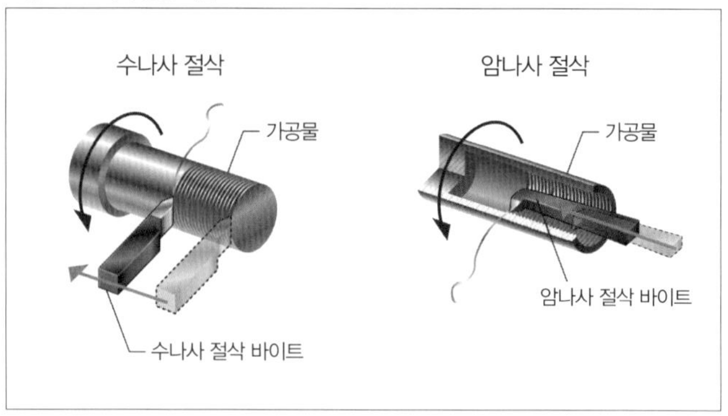

그러면 가공 방법을 조금 더 구체적으로 살펴보자.

(1) 주축대의 각종 전환 레버를 세팅한다

선반에 장착되어 있는 나사 피치표를 읽고 주축대의 각종 전환 레버를 조작하여 적절한 자동 이송량과 나사 피치 등을 결정한다. 또 나사 절삭 작업의 절삭 속도는 일반적인 선반 가공에 비해 낮은 속도로 가공한다.

(2) 나사 절삭 바이트를 장착한다

일반적인 3각 나사를 깎을 경우, 나사 절삭 바이트의 선단부 각도는 60도이다. 센터 게이지를 사용하여 나사 절삭 바이트가 가공물에 수직으로 닿아 있는지를 확인하면서 장착한다.

그림 4-12 센터 게이지와 나사 절삭 바이트

(3) 나사 절삭작업을 시작한다

이제부터 실제로 나사 절삭을 시작한다. 이 작업에서는 나사의 종류와 피치의 크기에 따라 몇 번에서 수십 번의 절삭을 진행한다. 3각 나사의 경우, 물리는 양은 0.2~0.5㎜부터 시작해서 마무리는 약 0.02㎜로 한다.

그림 4-13 선반으로 가공한 나사

③ 탭을 사용한 나사 절삭

선반 가공에서는 심압대의 축에 드릴을 부착하여 구멍을 뚫을 수 있다. 이를 암나사의 하단 홀로 사용하여 암나사를 깎아 나간다. 일반적인 책상용 드릴은 지름 6㎜ 이상의 구멍을 뚫기 어렵기 때문에 그보다 큰 하단 홀이 필요한 경우 선반을 사용하는 방법이 적합하다. 또 이 방법은 원통형 작업물의 중심을 쉽게 정할 수 있다는 장점도 있다.

가공 방법을 조금 더 구체적으로 알아보자.

① 센터 드릴을 사용하여 구멍을 뚫을 위치에 움푹한 홈을 만든다.
② 하단 홀로 적당한 지름의 드릴을 준비하여 하단 홀을 뚫는다.
③ 가공물에 탭을 대고 회전시키면서 암나사를 깎는다.

이때 탭의 회전은 수작업으로 마무리할 때와 마찬가지로 수동으로 줘야 하지만, 상황에 따라서 주축을 저속으로 돌리면서 회전시킬 때도 있다.

그림4-14 탭을 사용한 나사 절삭

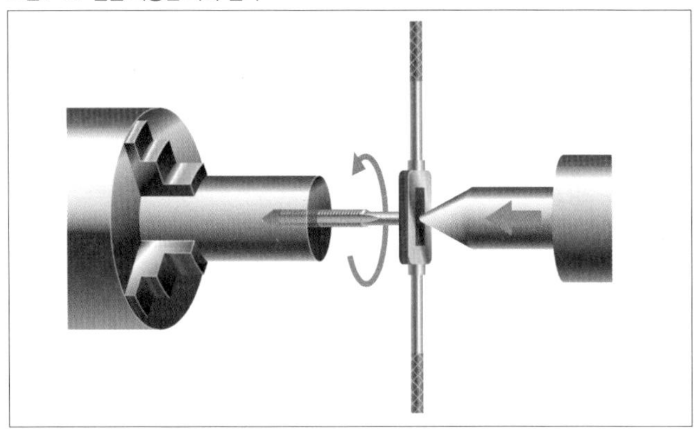

④ NC 선반

앞에서 이야기한 일반적인 선반에서는 사람이 수동으로 레버를 조작하면 1개의 나사를 가공하는 데 몇 분~몇십 분이 걸린다. 레버를 일정 속도로 자동으로 움직이게 할 수는 있지만, 모든 것을 자동으로 처리할 수는 없다. 따라서 대량 생산에는 적합하지 않다. 여기서 등장하는 것이 NC 선반이다.

NC 선반은 선반에 수치 제어(Numerical Control) 기능을 부여하여 공구대의 이동 거리와 이송 속도를 숫자로 표현하고, 이를 프로그래밍하여 자동으로 가공할 수 있도록 되어 있다.

일반적인 선반에 자동화 기능을 추가한 NC 선반은 대기업부터 개인이 경영하는 작은 공장에 이르기까지 각 산업 분야에서 널리 사용되고 있다.

그림 4-15 NC 선반

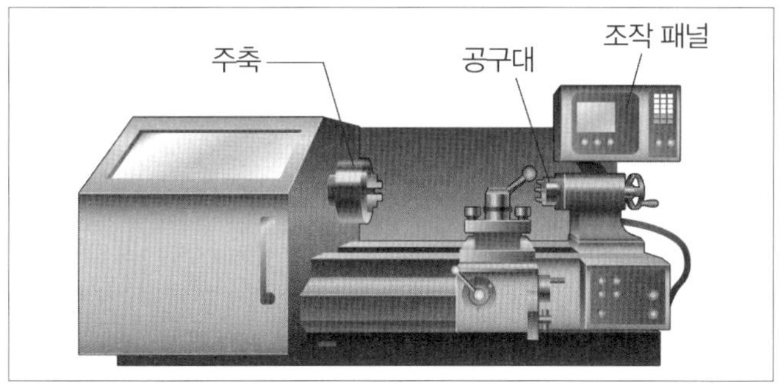

NC 선반에서의 공구대의 이동은 일반 선반과 마찬가지로 세로 방향과 가로 방향이 기본이지만, 절삭 공구나 공구대를 기울여서 회전시키면 사선 방향으로의 가공이 가능한 종류도 있다.

그림 4-16 NC 선반을 사용한 가공

그림 4–17에서 NC 선반을 사용한 가공 사례를 소개한다.

그림 4–17 절삭 공구의 작동법

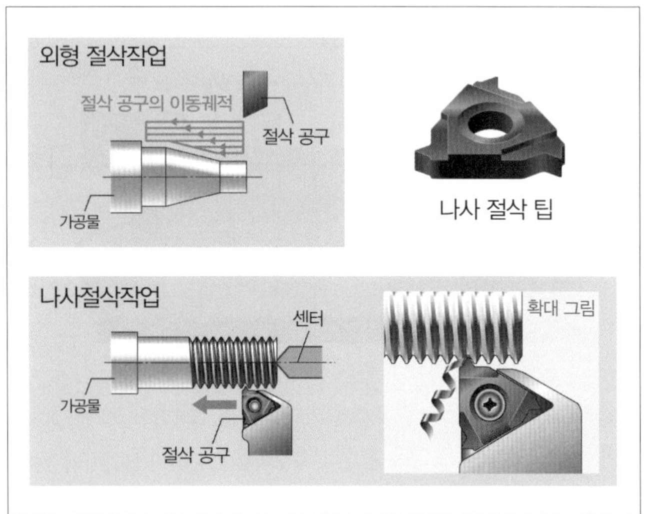

그러면 가공 방법을 조금 더 구체적으로 알아보자.

① 가공 절차를 확인하고 가공 방법과 순서에 따라 절삭 조건 등을 NC 장치에 입력하여 프로그램을 작성한다.
② 작성한 프로그램의 동작이 확인되면 그를 실행한다.
③ NC 장치가 입력한 프로그램에 따라 가공 작업은 자동으로 진행된다.
④ 가공이 프로그램대로 진행되고 있는지를 체크하고 필요에 따라 조정한다.
⑤ 가공이 끝나면 작업물의 치수가 설계도와 일치하는지 노기스나 마이크로미터 등의 측정기로 확인한다.
⑥ 프로그램을 수정해야 할 경우, 수정을 진행한다.
⑦ 가공이 끝난 가공물은 적절한 관리를 하여 표면 처리 등 다음 공정으로 보낸다.

⑧ 가공 작업을 종료한 후에는 기계를 청소하고 방청유를 바른 후 절삭 잔여물을 처리한다.

나사 절삭의 좌표 설정과 프로그램

프로그램 작성의 기본적인 흐름은 공구의 설정, 회전 속도의 설정, 운전 개시, 절삭 공구(바이트)의 이동, 운전 종료이다. 일반적인 NC 선반의 좌표계는 정면에서 보면 위아래로 움직이는 X축, 좌우로 움직이는 Z축으로 구성된다.

그림4-18 좌표 설정의 예시

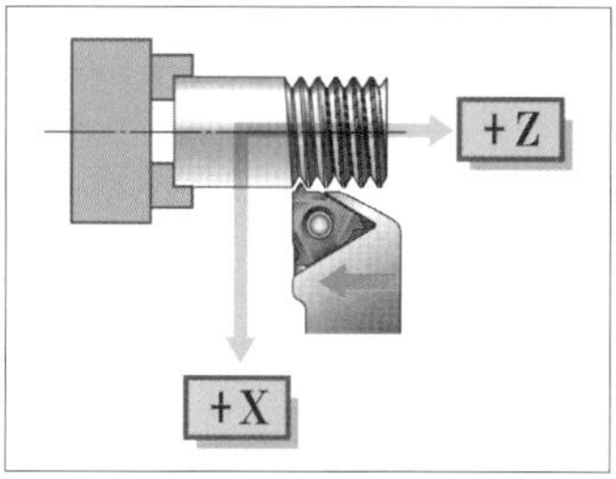

바 피더

대량 생산을 하는 공장의 NC 선반 옆에는 원통형 가공 재료가 놓여 있는데 이를 자동으로 보내는 기계를 바 피더라고 한다. 바 피더는 한 개의 긴 가공 재료를 적절한 양만큼 보내는 것뿐만 아니라 한 개의 재료 가공이 끝났을 때 자동으로 다음 가공 재료를 세팅하는 메커니즘도 내장되어 있다.

그림 4-19 바 피더

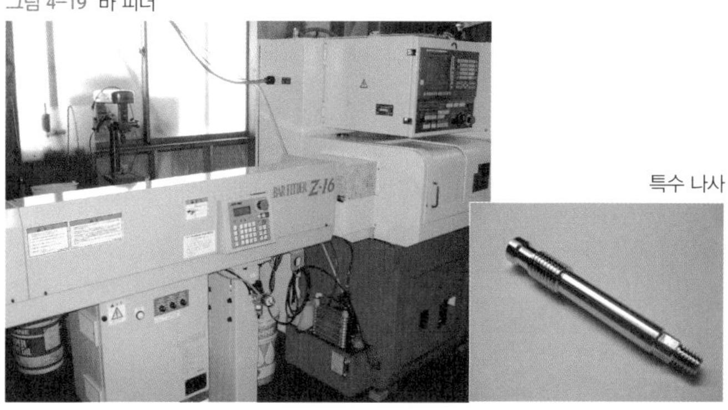

바 피더가 있어서 효율적인 무인 가공이 가능해졌다.

NC 선반에서 제작하는 나사는 지금까지 소개한 나사 머리부와 나사부를 갖춘 규격품과는 다르다. 각종 기계에 내장되는 부품 일부에 나사부를 갖춘 제품도 많이 있으며 이를 특수 나사라고 한다.

기계의 자동화가 진행되면서 프로그래밍의 중요성이 커지고 있다. 대량 생산을 하는 공장에서는 조금이라도 빠르고 정확하게 가공할 수 있는 프로그램 작성 능력이 요구된다. 또한, 작업자는 여러 기계를 담당하면서 가공 일정과 생산 관리도 맡는 경우가 많아 그들의 책임도 커지고 있다.

4-4 나사 절삭 선반

① 체이서

나사를 자르기 위해 수많은 산을 가진 절삭날을 체이서라고 한다. 나사를 절삭하여 가공하는 공작기계인 나사 절삭 선반에서는 여러 개의 체이서를 이용하여 나사를 가공한다.

그림 4-20 체이서

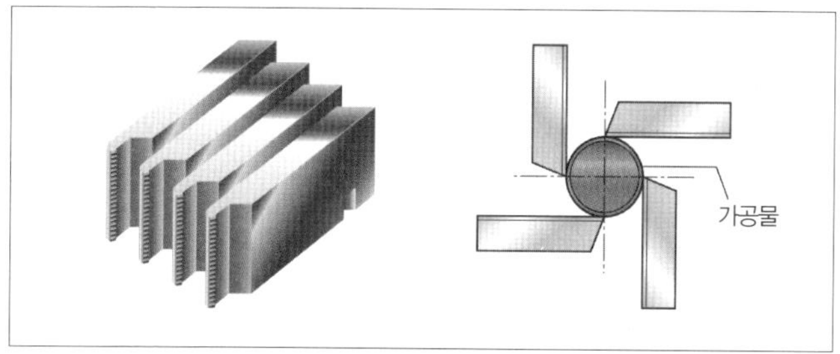

그림 4-21 나사 절삭 선반을 이용한 가공

② 나사 절삭 선반

나사 절삭 선반은 체이서라고 불리는 나사 절삭 전용 공구를 사용하여 가공물에 맞는 수나사를 깎는 공작기계이다. 선반의 가공물을 잡는 부분이 체이서인, 나사 절삭 전용 목적으로 사용되는 선반을 나사 절삭 선반이라고 한다.

그림 4-22 나사 절삭 선반

그림 4-21의 나사 절삭 선반에는 4장의 체이서가 세팅되고 그 사이로 둥근 막대가 이동하면서 나사 절삭이 이루어진다. 절삭하는 가공이므로 계속해서 절삭 파편이 나온다.

나사 절삭 선반을 사용해서 건축용 앵커 볼트의 끝부분에 나사를 자르는 가공 과정을 **그림 4-23**에, 그 완성품을 **그림 4-24**에서 확인할 수 있다.

그림 4-23 나사 절삭 선반 가공

그림 4-24 건축용 앵커 볼트

나아가 굵은 건축용 앵커 볼트의 나사를 깎는 과정을 **그림 4-25**와 **그림 4-26**에서 확인할 수 있다.

그림 4-25 나사 절삭 선반 가공

그림 4-26 나사 절삭 선반 가공

그림 4-27 건축용 앵커 볼트

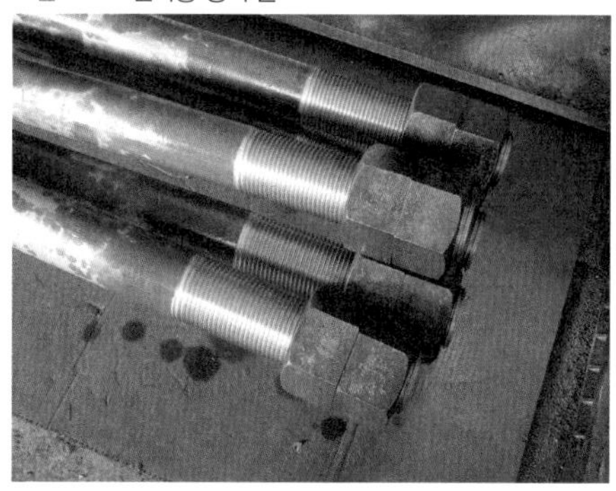

이러한 건축용 앵커 볼트에도 나사가 있다는 사실이 놀라울지도 모른다. 건축용 앵커 볼트는 지진이나 태풍과 같은 큰 외력이 건물에 가해졌을 때, 토대가 기초부터 뒤틀리거나 떠오르지 않도록 고정하기 위한 금속 막대이다. 강구조물에서는 상부 구조와 기초 콘크리트를 연결하기 위한 중요한 부품이기도 하다.

그림 4-28 앵커 볼트의 설치 예시

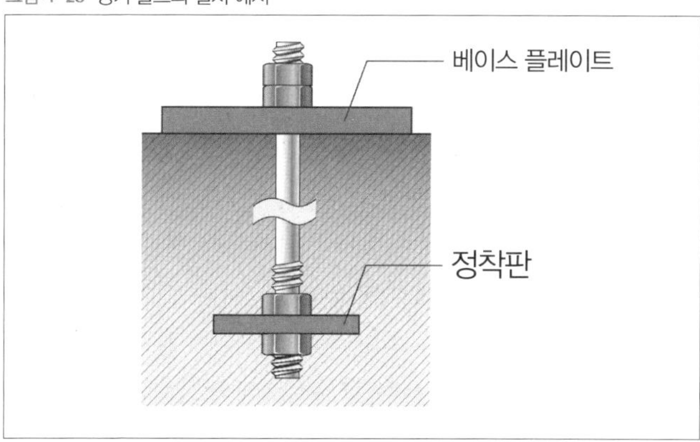

4-5 압조

① 소성가공

금속에 큰 힘을 가하면 변형되고 그 힘을 제거해도 변형이 남는다. 이를 소성변형이라고 하며, 이를 이용한 가공을 소성가공이라고 한다. 나사의 압조도 이 소성가공의 일종이다.

절삭공구로 금속에 나사산을 만드는 절삭가공에서는 금속의 파편이 나오지만 소성가공은 금속에 힘을 가해 변형시켜 가공하기 때문에 파편이 나오지 않는다. 또 가공에 걸리는 시간 역시 절삭가공에 비해 짧아서 대량 생산에도 적합하다.

그림 4-29 소성가공

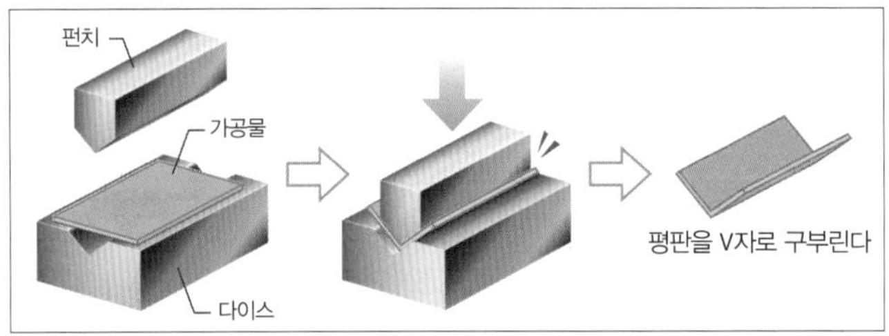

소성가공의 종류로는 금속을 망치 등으로 두드려 성형하는 단조, 회전하는 롤 사이에 가공물을 통하게 해서 성형하는 압연가공, 전단력을 가하여 판 모양의 가공물을 절단하거나 뚫는 전단가공, 판 모양의 가공물을 필요한 각도로 구부리는 구부림 가공, 용기 안에 가공물을 삽입하여 밀어내는 압출가공, 다이스를 이용하여 가공물을 빼내는 인발(引拔) 가공, 판 모양의 가공물을 짜서 이음새가 없는 통 등을 성형하는 딥 드로잉 등이 있다. 또 나사의 가공은 압조나 전조 등의 가공법을 통해 성형이 이루어진다.

소성가공을 한 금속은 단단하고 뒤틀린 결정 상태지만, 일정 온도 이상으로 가열하면 원래의 부드러운 상태로 돌아간다. 이는 금속 특유의 현상으로, 뒤틀린 결정이 열에 의해 정상적인 결정으로 변화하기 때문이다. 이를 재결정이라고 하며 재결정이 일어나는 온도를 재결정 온도라고 한다. 철과 알루미늄의 재결정 온도는 각각 약 350℃, 약 150℃이다.

소성가공은 금속의 재결정 온도 이하에서 이루어지는 냉간가공과 재결정 온도 이상에서 이루어지는 열간가공으로 분류된다.

그림 4-30 냉간가공과 가공경화

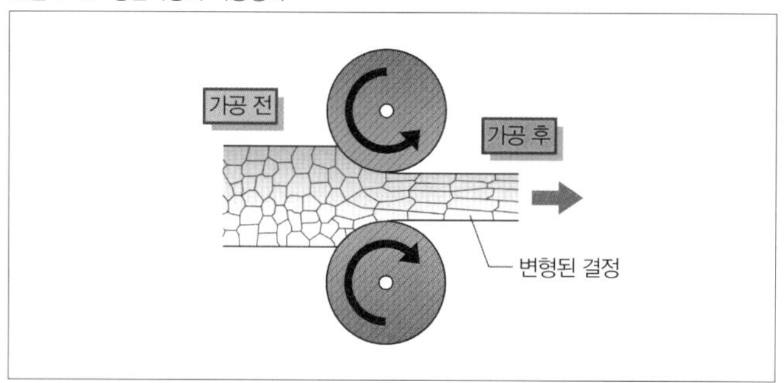

냉간가공으로 인해 변형이 진행되면 결정에 일그러짐이 생겨 재료가 쉽게 변형되지 않는다. 이를 가공경화라고 한다. 또 재료를 가열할 필요가 없기 때문에 그만큼 에너지를 절약할 수 있어서 매끄러운 마감 면에서 정밀한 형상으로 가공할 수 있다.

한편 열간가공에서는 금속을 재결정 온도 이상으로 가열해야 하므로 이를 위한 열에너지가 필요하다. 하지만 가열된 결정은 쉽게 변형되기 때문에 가공경화를 억제할 수 있고 단조나 압연 등의 가공은 쉬워진다. 또 가공된 재료는 조직이 치밀해져서 인성도 생긴다.

일반적으로 나사 가공의 경우, 작은 나사는 냉간가공, 굵은 볼트는 열간가공으로 이루어진다. 다음으로 주로 나사의 머리부를 성형하는 가공법인 압조, 나사산을 성형하는 가공법인 전조에 대해 자세히 살펴보자.

② 압조

압조란 오목형 금형(다이스)에 금속 가공물을 채우고 볼록형 금형(펀치)으로 눌러 으깨서 성형하는 가공법을 의미한다. 냉간가공을 통한 압조를 냉간 압조, 열간가공을 통한 압조를 열간 압조라고 하며, 일반적으로 냉간 압조기를 헤더라고 부르기 때문에 냉간 압조를 헤더 가공이라고도 한다.

(1) 냉간 압조

나사 부품을 성형하기 위한 금속 재료는 코일 모양의 선재(線材) 형태로 준비한다. 또 선재는 압조될 때 눌려서 굵어지기 때문에 완성되는 나사 축의 굵기로부터 역산해서 만들고 싶은 굵기보다 약간 가는 두께의 선재를 준비한다.

그림 4-31 코일 모양의 선재

다음으로 주로 나사의 머리를 성형하는 가공법인 압조와 나사산을 성형하는 가공법인 전조에 대해 자세히 살펴보자.

그림 4-32 압조 기계

그림 4-33 와이어 피드 롤러

최초로 제1 펀치가 움직여 선재가 사전 성형된 후, 제2 펀치가 움직여서 다시 선재를 눌러 마무리 성형을 한다. 헤더 가공은 고정 측의 금형(다이스)과 박는(블로우) 측의 금형(펀치)의 수로 구분된다.

일반적으로 나사 머리부의 성형은 금속의 소성변형을 고려하여 2단계로 이루어지는 일이 많으며, 이 가공법을 더블헤더 가공이라고 한다. 또한, 1개의 다이스와 2개의 펀치를 가진 더블헤더 가공의 공정을 1다이스 2블로우(1D2B)라고 부르기도 한다.

작은 나사 대부분은 이 더블헤더 가공을 통해 성형된다. 또 펀치에는 홈붙이나 +자 홈붙이 등의 나사골도 달려서 이 단계에서 나사의 머리부 형상과 골이 모두 완성된다.

그림 4-34 작은 나사의 성형

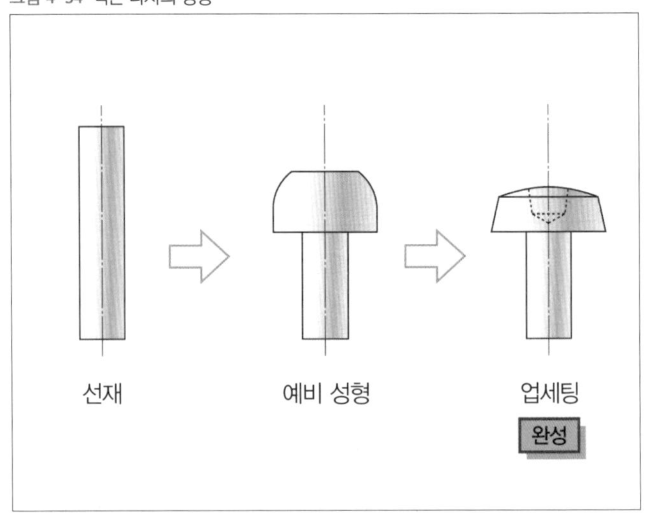

그림 4-35 더블헤더 가공의 성형 공정

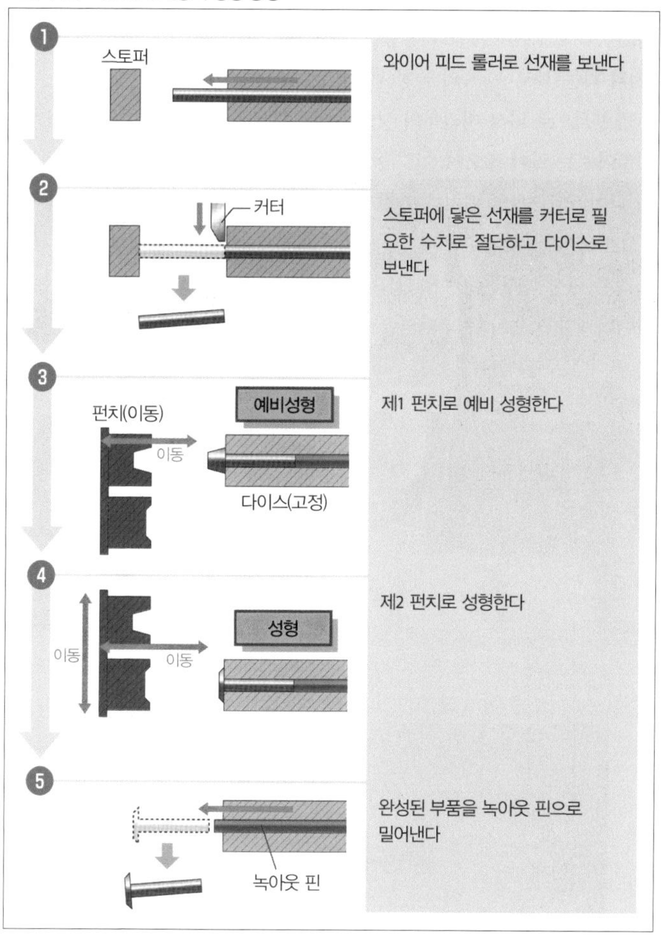

이어서 실제 더블헤더 가공의 성형 공정을 사진으로 살펴보자. 오른쪽에 1개의 다이스, 왼쪽에 2개의 펀치가 있어서 오른쪽에서 들어온 선재가 조금씩 가공된다.

그림 4-36 더블헤더 가공

그림 4-37 완성된 부품

그리고 실제 펀치와 다이스는 다음과 같이 생겼다.

그림 4-38 펀치(왼쪽)와 다이스(오른쪽)

그림 4-39 십자 펀치

그림 4-40 6각 펀치

펀치는 가공하고 싶은 나사 머리부의 형상, 다이스는 나사의 길이나 굵기에 따라 다양한 종류가 있으므로 상황에 맞게 교체하며 가공한다. 압조기계는 한번 움직이기 시작하면 자동으로 공정이 진행되므로 이 부분의 순서가 생산성에 큰 영향을 미친다.

그림 4–41 공장에 보관된 펀치

1개의 다이스와 2개의 펀치를 사용하는 압조 기계인 더블헤더 가공 외에도, 펀치와 다이스의 조합에는 2개의 다이스와 2개의 펀치를 사용하는 2 다이스 2 블로우(2D2B), 2 다이스 3 블로우(2D3B), 3 다이스 3 블로우(3D3B) 등이 있다. 4단 이상의 다단 헤더 중에는 볼트나 유사품을 성형하는 기계라는 의미로 호머(또는 포머)라고도 하며, 다양한 부품을 성형할 수 있는 기계라는 의미로 파츠 호머라고도 불린다.

호머는 많은 단계의 작업을 연속적으로 수행할 수 있기 때문에 일반 프레스 기계보다 생산성이 대폭으로 향상된다. 또 펀치와 다이스를 교체하면 다양한 형상의 제품을 가공할 수 있다는 특징도 있다. 참고로 이러한 공정에서 만들어지는 제품 중 나사부는 없지만, 나사부가 없는 기계 부품으로 완성품이 되는 경우도 흔히 볼 수 있다.

그림 4–42에서는 3 다이스 3 블로우 압조 기계의 제조 공정, 그림 4–43에서는 각 공정에서의 재료 형상을 볼 수 있다.

그림 4-42 3 다이스 3 블로우인 압조 기계

그림 4-43 각 공정에서의 재료의 형상

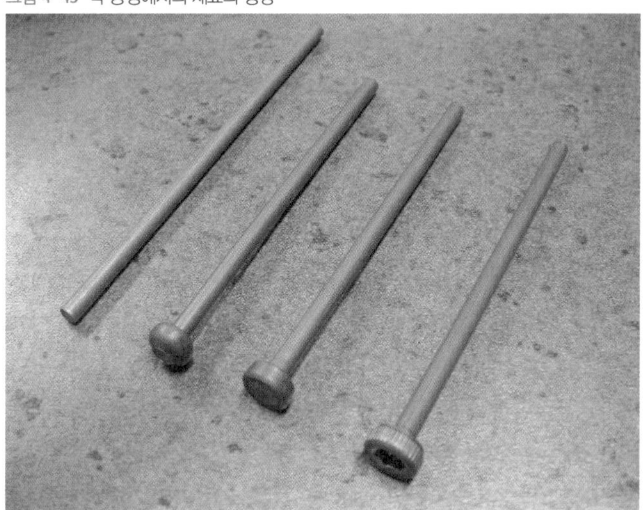

그림 4-44는 다단식 호머의 외관, 그림 4-45에 그 제조 공정을 나타냈다. 이렇게 큰 통 안에 복수의 펀치와 다이스가 있어서 자동으로 가공이 진행된다.

그림 4-44 다단식 호머

그림 4-45 다단식 호머의 제조 공정

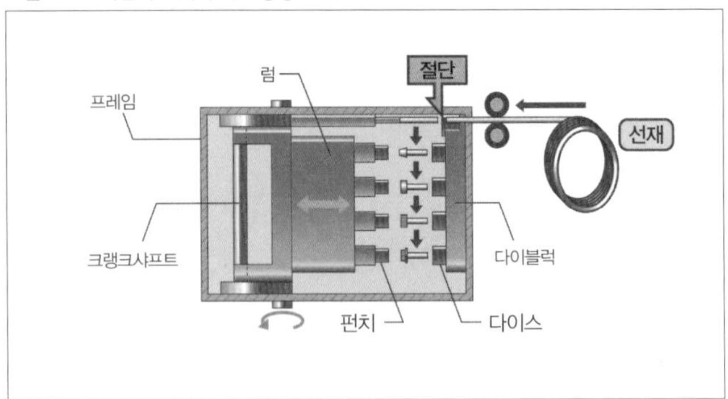

지금까지 나사 머리부의 외형이 둥근 부품의 가공에 관해서 이야기했다. 그렇다면 6각 볼트와 같이 외형이 각진 머리부의 가공은 어떻게 이루어질까?

6각 볼트의 머리부 성형은 원형 막대를 육각형 펀치에 밀어 넣는 것이 아니라 머리부를 뚫어 내고 칼라를 떼는 타발 가공이 사용된다.

그림 4-46 6각 볼트의 성형

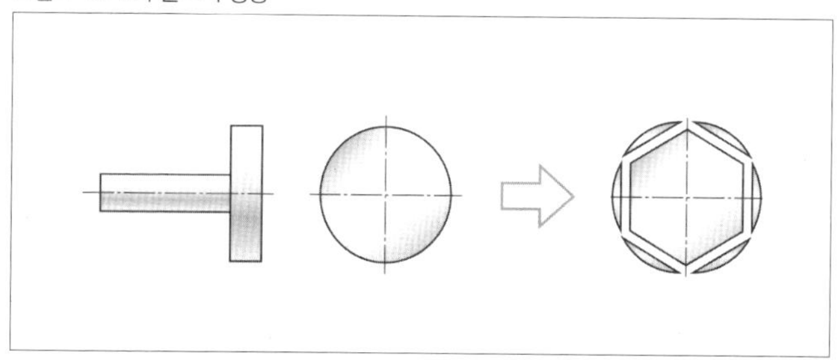

그림 4-47 구멍이 뚫린 칼라

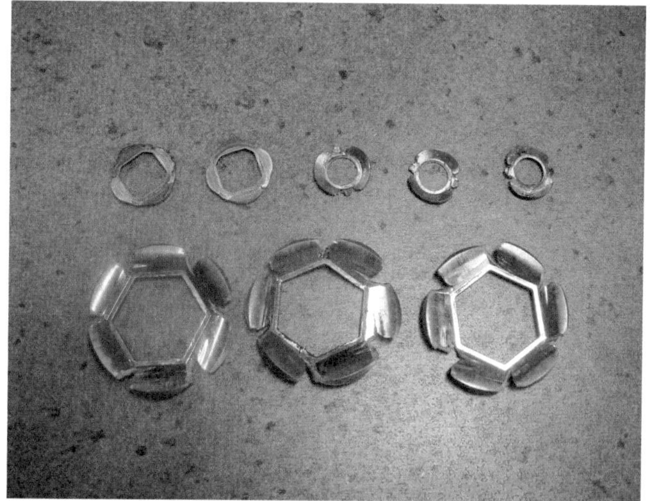

리벳

지금까지 설명한 압조 공정을 통해 나사의 머리부가 완성되었다. 다음의 전조 공정을 통해 나사산을 성형하면 나사는 완성된다. 다만 전조는 반드시 나사의 성형에 사용된다고 단언할 수는 없다. 압조 공정에서 성형이 끝나는 제품도 있다. 그중 하나가 축 부분에 나사가 없는 머리붙이 부품인 리벳이다. 리벳은 결합물의 구멍에 축 부분을 꽂아 넣고 축 끝을 박아서 결합한다. 나사나 못과는 달리 한번 고정하면 쉽게 분리할 수 없기 때문에 반영구적인 고정에 적합하다. 리벳의 머리부 형상은 나사의 머리부 형상과 마찬가지로 납작 리벳, 둥근 리벳, 접시 리벳 등으로 분류된다.

그림 4-48 리벳의 다양한 형태

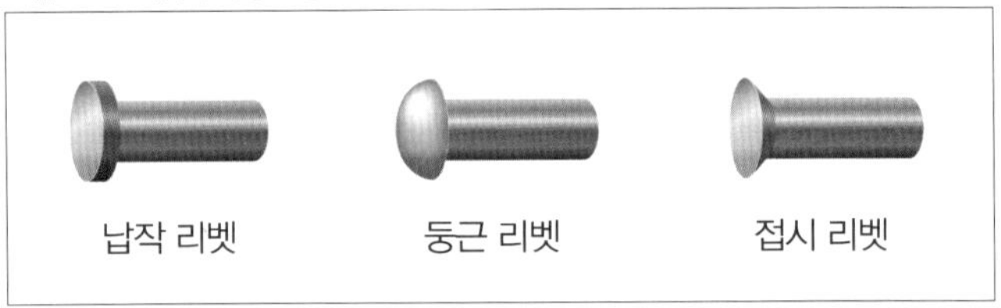

리벳에도 다양한 종류가 있지만, 헤더 가공 공정에서 봉재의 축 부분에 구멍을 뚫은 관 리벳은 경량 부품으로 자동차의 브레이크 라이닝 등에 사용된다. 또 휴대전화나 노트북 컴퓨터 등의 개폐를 수행하는 부분 등에서도 관 리벳이 활약하고 있다. **그림 4-49**에서 관 리벳의 외관과 이음매를 단단히 조이는 모습을 확인할 수 있다.

그림 4-49 관 리벳

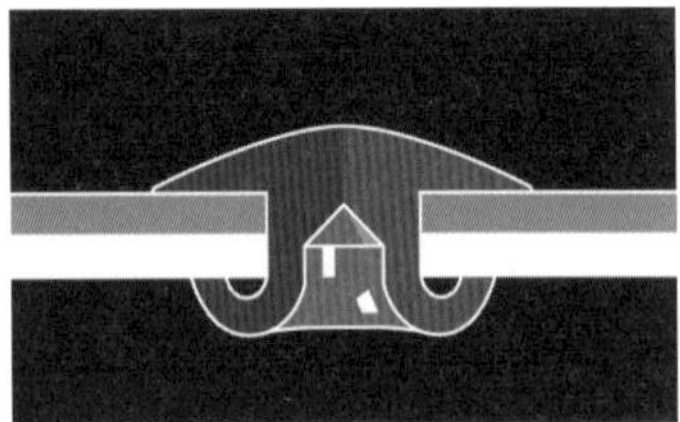

일반적으로 나사라고 하면 JIS 등에서 정해 놓은 규격품을 떠올린다. 그러나 실제 공장에서는 나사의 피치나 각도 등은 규격을 준수하면서도 나사부가 있는 다양한 형태의 기계 부품이 제조되고 있다. 이를 특수 나사라고 하며 일반적으로 해당 나사가 필요한 회사와 해당 나사를 제조하는 회사 간에 직접 거래가 이루어진다. 다양한 특수 나사를 보다 보면 왜 이런 모양인지 고개를 갸웃거릴 만한 종류도 많은데 제각기 상황에 맞는 용도로 제조되고 있다. **그림 4-50**에서 이러한 특수 나사 몇 가지를 소개하겠다.

그림 4-50 특수 나사

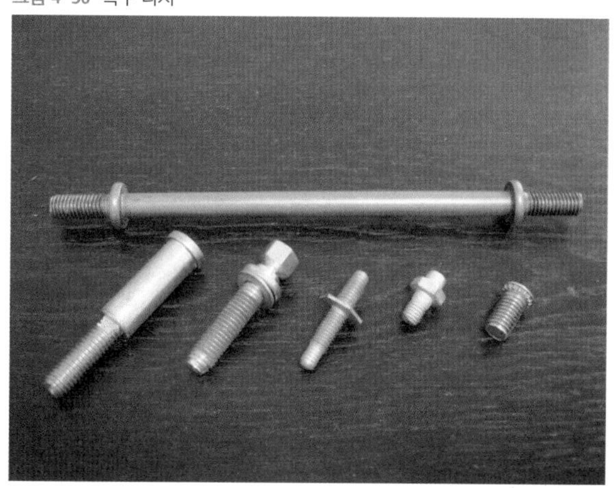

압조로 성형한 부품을 제조 공정의 순서대로 나열한 것이 **그림 4-51**, **그림 4-52**이다. 한 번에 큰 소성변형을 주는 것이 아니라 여러 공정으로 나누어 조금씩 변형시키면서 성형해 나간다는 사실을 알 수 있다. 다만 이러한 특수 나사의 용도에 관해서는 기업 비밀인 부분도 있어서 제조 공장은 의뢰받은 도면대로 부품을 제조하여 납품할 뿐 어디서 어떻게 사용되고 있는지는 모르는 것이 일반적이다.

그림 4-51 압조로 성형한 부품 (1)

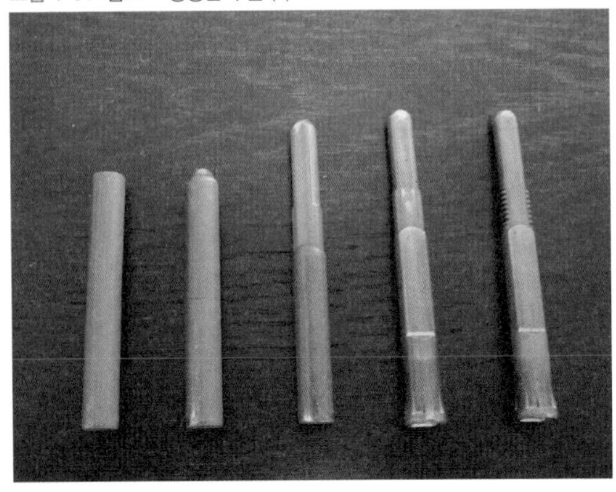

그림 4-52 압조로 성형한 부품 (2)

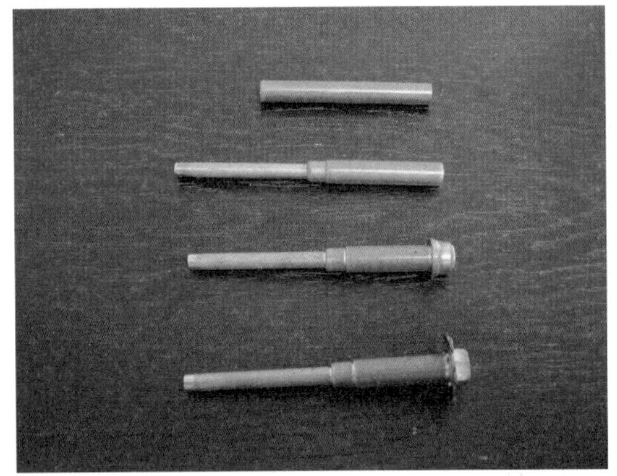

압조로 성형된 부품은 그다음에 전조를 통해 나사산 가공이 이루어지는데 그전에 세척 공정을 거친다. 압조 성형이 끝난 부품은 먼저 가라(ガラ)라고 불리는 육각형 용기에 등유와 함께 넣은 후, 이 용기를 회전시켜서 세척한다.

그림 4-53 가라

가라에서 세척을 마친 부품은 고속으로 내통이 회전하는 원심분리기(체라고도 한다)로 보내서 등유의 유분을 제거한다.

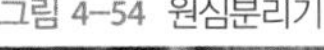
그림 4-54 원심분리기

(2) 열간 압조

나사의 지름이 5㎝ 이상인 굵은 나사의 가공에는 재료의 변태점(철재는 금속 조직이 바뀌는 약 727℃)보다 약간 높고 재료가 녹기 시작하는 온도보다 100~150℃ 정도 낮은 온도로 가열하여 머리부를 압조하는 열간 압조가 사용된다.

열간 압조는 재료를 가열한 후에 성형하기 때문에 냉간 압조보다 더 큰 변형이 가능하지만, 한편으로 마감의 정도가 나빠진다. 따라서 압조 후에는 모양을 다듬기 위해 외형을 절삭하거나 표면을 마감하는 2차 가공이 이루어지는 경우도 많다.

이어서 열간 압조를 통해 성형한 실제 사례를 소개한다.

열간 압조의 실제 사례 (1)

나사 부품을 성형하기 위한 금속 재료는 굵은 막대 모양으로 준비하고 띠톱 기계 등을 이용하여 필요한 길이로 절단한다. 적절한 길이로 절단된 봉재는 전기로 안에 넣고 적절한 온도가 될 때까지 가열한다.

그림 4-55 전기로

주황색이 될 때까지 가열된 재료를 전기로에서 꺼내서 단조 프레스기에 세팅한 후 펀치를 움직여서 머리부의 예비 성형을 한다. 그다음에 다시 펀치가 움직여서 마무리 성형을 한다.

그림 4-56 열간 압조를 통한 성형품

그림 4-57 단조 프레스기

열간 압조의 실제 사례 (2)

다음으로 축 지름이 큰 재료의 열간 압조 모습을 소개한다. 재료를 가열한 후 단조 프레스기로 운반하면 펀치가 위에서 낙하하여 머리부 모양이 성형된다.

그림 4-58 단조 프레스기를 통한 작업

사용하는 펀치

머리부가 완성된 6각 볼트

4-6 전조

압조로 나사의 머리부는 완성되었지만, 아직 원통부에 나사산이 없다. 나사산을 성형하는 가공은 전조이다.

전조에서는 나사산을 새겨 놓은 전조 다이스를 더블헤더 가공(냉간 압조)이나 열간 압조를 마친 원통형 부품에 누르면서 굴려 나사산을 성형한다. 전조는 압조와 마찬가지로 소성변형에 의한 가공이며, 나사부는 냉간 압조에 의해 인장강도와 피로 강도가 증가한다. 압조와 마찬가지로 부스러기가 나오지 않기 때문에 절삭가공보다 재료를 효율적으로 활용할 수 있다.

전조는 사용하는 다이스의 형상에 따라 평다이스식, 둥근다이스식, 플래니터리식 등으로 분류된다.

① 평다이스식

가장 일반적인 것은 평다이스식이다. 이 방식에서는 두 장의 평다이스 사이에 원통형 가공물을 끼워 넣고 굴리면서 나사산을 성형한다. 비교적 저렴하게 공구를 준비할 수 있으며 1분에 수십 개씩 생산할 수 있다.

그림 4–59 평다이스와 그 가공

사진 제공: OSG

② 둥근다이스식

2개 또는 3개의 둥근다이스를 이용하여 전조를 실시하는 것이 둥근다이스식이다. 작은 나사부터 굵은 나사까지 대응할 수 있으며 정도도 양호하다. 평다이스보다 둥근다이스가 고가이며 가공 속도는 분당 수십 개 정도이다.

그림 4-60 둥근다이스

그림 4-61 둥근다이스 가공

사진 제공: OSG

③ 플래니터리식

둥근다이스와 부채꼴 모양의 세그먼트 다이스를 사용하여 전조를 진행하는 것이 플래니터리식이다. 플래니터리식 공구는 고가이지만, 1분에 천 몇백 개를 가공할 수 있다.

그림 4-62 세그먼트 다이스

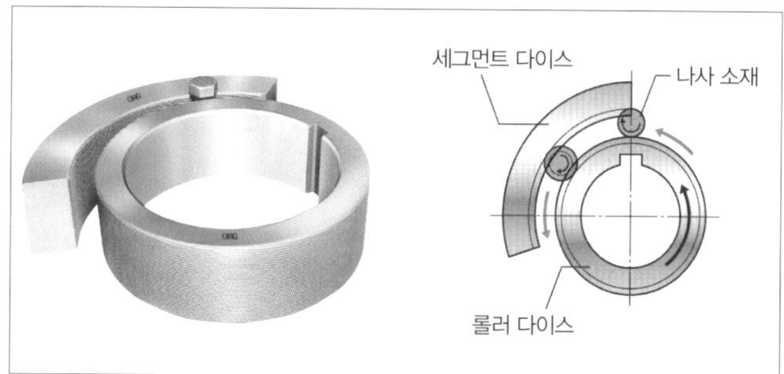

그림 4-63 플래니터리식 가공

사진 제공: OSG

그리고 전조를 실시할 수 있는 공작 기계를 전조기라고 하며, 사용하는 전조 다이스의 형상 차이에 따라 평다이스식 전조기나 둥근다이스식 전조기, 플래니터리식 전조기 등의 종류가 있다.

다음으로 평다이스식 전조기나 둥근다이스식 전조기를 통한 나사산 성형의 실제 사례를 몇 가지 알아보자.

④ 평다이스

평다이스를 이용한 전조를 실시하는 평다이스식 전조기는 그림 4-64와 같은 외관을 하고 있다.

그림 4-64 평다이스식 전조기

평다이스 부분을 확대해 보면 하나의 평다이스가 고정되어 있고 다른 하나의 평다이스가 빠르게 왕복 운동하고 있음을 알 수 있다. 평다이스에는 가공물이 깔끔하게 정렬되어 하나씩 보내진다. 그리고 나사산이 만들어진 작은 나사가 순차적으로 용기 안으로 굴러떨어진다. 그 속도는 대략 1초에 1개씩이다.

그림4-65 평다이스 가공

그림4-66 평다이스로 보내지는 가공물

이것은 다른 평다이스식 전조기이다. 회전 운동을 왕복 운동으로 변환하는 슬라이더 크랭크 기구가 위쪽에 보인다. 여기에서는 금색을 한 황동 작은 나사를 제조하고 있다.

그림 4-67 평다이스 가공

그림 4-68 평다이스로 보내지는 가공물

평다이스로 보내지는 직전의 가공물은 여기에서도 1열로 놓여 있다. 또 앞에 보이는 호스에서는 작업이 원활하게 진행되도록 윤활유가 흘러나오고 있다.

그런데 전조 전의 가공물은 어떻게 1열로 가지런히 놓여 있는 걸까? 전조기 위의 재료를 살펴보면 많은 가공물이 무작위로 들어 있고 사람의 손으로 한 줄로 세팅되는 것은 아닌 듯하다.

전조기 위에 있는 작업물이 들어 있는 용기를 자세히 살펴보면 작은 진동을 하면서 회전하는 것이 보인다. 그리고 조금씩 바깥쪽으로 밀려난 작업물은 직립하여 바깥둘레에 늘어서면서 그림 4-70에서처럼 미끄럼틀을 타고 내려가듯이 평다이스로 보내진다.

이처럼 부품을 일정한 자세나 방향으로 정렬하여 공급할 수 있도록 하는 장치를 파츠 피더라고 하며 자동 공정의 라인에 없어서는 안 되는 중요한

그림 4-69 전조기 위의 가공물

그림 4-70 파츠 피더로 흐르는 가공물

역할을 한다. 앞에서 말했듯이 용기에 진동을 주면서 회전시킴으로써 원심력의 작용으로 조금씩 부품을 밀어내는 원리이다. 그리고 여기서 소개한 중심부가 밥공기 모양인 것을 볼 피더라고도 하며, 단위 시간당 공급 수 등에 따라 그 크기가 결정된다.

그림 4-71에서는 강제의 가공물이 파츠 피더 안을 흐르고 있다. 확대해 보면 아까와 마찬가지로 가공물이 줄지어 있는 것을 알 수 있다.

그림 4-71 파츠 피더를 흐르는 가공물

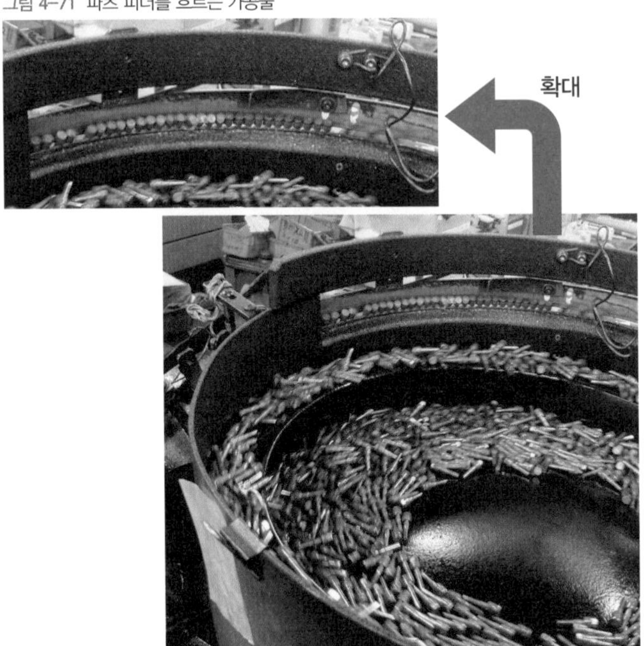

작은 나사 대부분은 이러한 압조→전조 공정을 통해 성형된다. 다만 암나사가 불필요하고 얇은 금속이나 플라스틱에 나사를 박으면서 체결하는 태핑 나사(B1 태핑 나사나 C1 태핑 나사 등)의 경우, 또 하나의 공정이 필요하다. 그 공정은 **그림 4-72**의 족쇄기로 실시한다.

족쇄기로 실시하는 가공은 태핑 나사의 선단부에 작업성 향상을 위한 칼집을 넣는 것이다. 칼집 작업을 하는 부분을 확대한 그림이 **그림 4-73**과 **그림 4-74**(169쪽)이다. **그림 4-73**에서는 중앙에 있는 원형의 부품이 일정 간격으로 회전함으로써 위쪽에서 흘러온 가공물이 원 주 위의 움푹 들어간 곳에 1개씩 들어가 회전한다. **그림 4-74**에서는 커터로 움푹 들어간 가공물에 홈을 내고 있다. **그림 4-75**(169쪽)는 족쇄기에 의해서 선단에 홈이 잘린 태핑 나사이다.

그림 4-72 족쇄기

그림 4-73 정렬부 가공물

그림 4-74 커터부 가공물

그림 4-75 선단부에 홈이 파인 태핑 나사

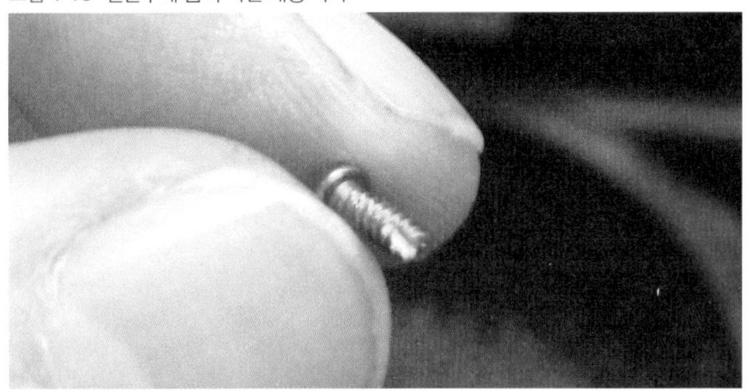

⑤ 둥근다이스

이어서 둥근다이스를 이용한 전조에 관해서 알아보자. 둥근다이스식 전조기는 그림 4-76과 같은 외관을 띤다. 이 둥근다이스식 전조기는 일본 국내에서도 최대급이며 100톤의 힘으로 전조를 할 수 있다. 뛰어난 심 떨림 방지 기구 등도 갖추고 있어 길거나 굵은 나사도 더욱 정확하게 전조할 수 있다.

그림 4-76 둥근다이스식 전조기

둥근다이스를 통한 전조를 실시하기 전의 가공물을 **그림 4-77**에서 확인해 보자. 여기서 소개할 가공물은 앞서 소개한 열간 압조로 머리부의 6각 홈 등이 성형되어 있다.

그림 4-77 전조 전 가공물

둥근다이스는 가공하고자 하는 나사의 지름이나 피치의 크기에 따라 매번 교체해야 한다. 그래서 다품종의 나사를 성형하기 위해서는 공장에 다양한 종류의 둥근다이스가 준비되어 있어야 한다. 그림 4-78에서 둥근다이스를 살펴보자.

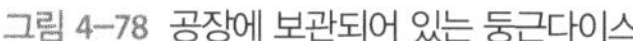
그림 4-78 공장에 보관되어 있는 둥근다이스

그림 4-79에 둥근다이스식 전조기를 사용한 실제 가공 사례를 나타냈다.

그림 4-79 둥근다이스식 전조기

2개의 둥근다이스는 같은 방향으로 회전하며 간격을 조절하면서 가공물에 나사를 만들어 간다. 놀랍게도 최종적으로 나사를 맞추는 것은 사람의 눈이며 작업 중인 가공물의 지지도 사람이 담당한다. 처음에 나사산이 맞는지를 신중하게 확인한 후 원활하게 작업이 진행되면 불과 몇 분 만에 나사부의 가공이 완료된다.

그림4-80 둥근다이스와 가공물의 관계

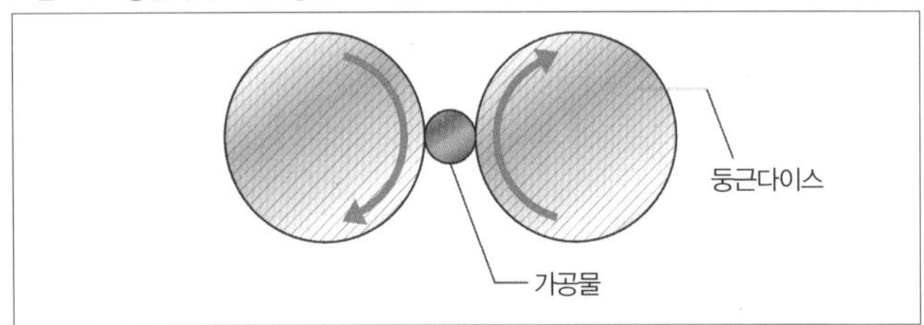

그림4-81 둥근다이스로 성형한 나사

전조를 마친 나사의 머리부 주변을 톱니 모양으로 파는 널링 가공을 하는 경우가 있다. 이 널링 무늬에는 직선 널링이나 다이아몬드형 널링 등 다양한 종류가 있으며 널링 무늬는 미끄럼 방지 등의 역할을 한다.

그림 4-82 널링 무늬

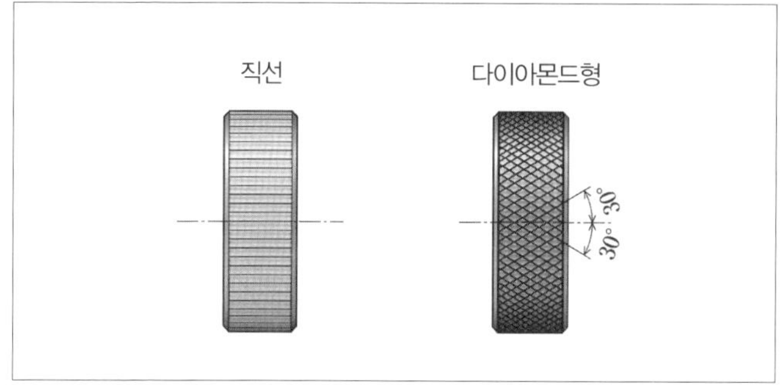

둥근다이스식 전조기를 이용한 널링 가공에서는 널링 무늬가 있는 둥근 다이스로 작업을 한다. **그림 4-83**으로 해당 가공하는 모습을 확인해 보자.

그림 4-83 널링 가공

그림 4-84는 널링 가공을 마친 후, 머리부에 무늬가 생긴 나사이다.

그림 4-84 널링 가공 후의 나사

그림 4-85는 나사부와 널링부가 있는 기계 부품이다. 이 2개의 가공은 별도의 공정이 아니라 나사부를 성형하는 평다이스와 널링 모양을 만드는 평다이스가 나란히 있는 동시 전조 플레이트로 동시에 가공한다.

그림 4-85 널링 모양이 있는 부품

⑥ 너트의 가공

어떻게 만들어지는지
상상해 보자!

작은 나사나 볼트 가공법에 이어서 너트 가공에 대해서 알아보자. 우선 지금까지의 설명을 바탕으로 너트를 만드는 방법을 상상해 보자. 여기서는 6각 너트의 제조법을 살펴보자.

그림 4-86 6각 너트

너트의 바깥지름 가공은 펀치와 다이스를 이용한 압조가 일반적이다. 압조로 바깥지름을 육각형으로 가공할 뿐만 아니라 암나사 절단을 가정해서 중심부에 구멍을 뚫는 가공도 이루어진다. 소형 너트에는 냉간 압조, 큰 변형이 필요한 대형 너트에는 열간 압조가 사용된다.

(1) 냉간 압조

소형 너트의 성형은 단면이 둥근 선재이거나 육각형 선재를 이용한 냉간 압조로 이루어진다. 수나사의 머리를 더블헤더로 가공한 것처럼 너트 가공도 몇 단계의 공정으로 나누어 성형이 이루어진다. 여기서는 4단계로 가공하는 사례를 소개한다.

① 절단된 면이 육각형인 재료를 제1 펀치로 예비 성형한다.
② 제2 펀치로 조금 더 예비 성형을 한다.
③ 제3 펀치로 마무리 성형을 한다.
④ 제4 펀치로 펀칭하여 중심부에 구멍을 뚫는다.

그리고 몇 개의 다이스가 자동으로 움직이면서 너트를 성형하는 공작 기계를 너트 호머라고 하며, 만들고 싶은 너트의 크기나 모양에 따라서 다양한 타입이 존재한다.

그림 4-87 6각 너트의 제조 공정

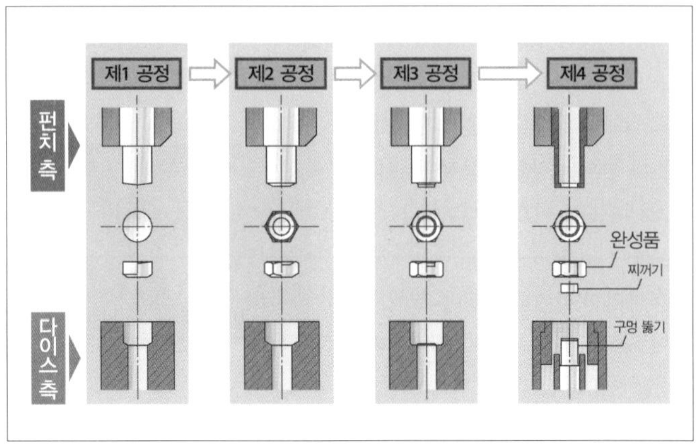

(2) 열간 압조

큰 변형이 필요한 큰 너트에는 열간 압조가 사용된다. 열간 압조를 통한 성형 공정은 기본적으로는 냉간 압조와 같으며 재료가 가열된 후에 4~6공정을 거쳐서 성형한다.

그림 4-88 6각 너트

(3) 너트 암나사의 가공

압조를 마친 부품에는 아직 암나사가 없다. 수나사는 전조로 성형되었으나 암나사는 전조가 불가능하다. 중심부에 구멍이 난 부품에 암나사를 성형하기 위해서는 어떤 가공을 해야 할까?

일반적으로 암나사에 나사내기를 할 때는 탭이 있는 공작기계를 사용한다. 대표적인 것으로 보르반에 드릴을 통한 구멍 뚫기 기능과 탭에 의한 나사 절삭 기능을 갖춘 태핑 머신이 있다. 또 탭을 이용한 나사내기 전용 공작기계로는 나사내기반이 있으며 태핑 머신이라고 부르기도 한다.

태핑 보르반이나 나사내기반에 의한 탭 가공은 가공물 세트를 수동으로 다루기 때문에 대량 생산에는 적합하지 않다.

그림 4-89 태핑 보르반

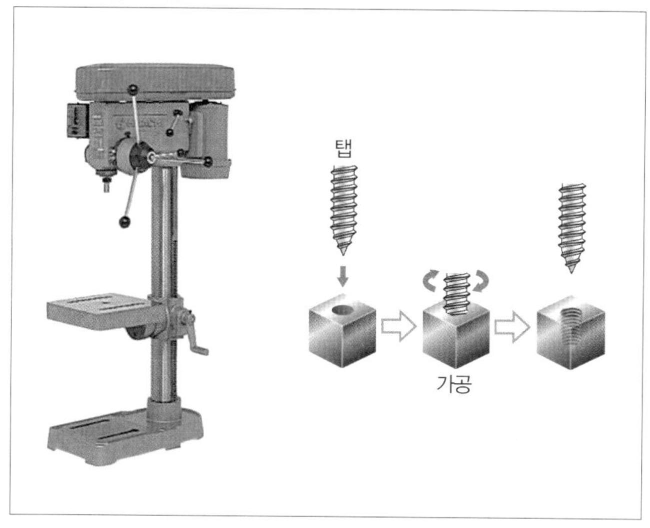

자동 태핑 머신은 너트의 대량 생산이 가능한 작업 기계이다.

호퍼에 들어간, 아직 나사부가 없는 너트는 슈트를 통해 하나씩 이동한다. 슈트를 통과한 너트는 가이드 부분에서 밀대에 밀린 후 탭에 물려 나사내기가 진행된다. 나사내기가 끝난 너트는 샹크 부분에 모이고, 탭의 축 베어링 역할을 하면서 원심력으로 인해 계속해서 샹크 부분에서 바깥쪽으로 나오게 된다.

샹크 부분이 90도로 꺾인 벤트 탭은 선단부부터 선단 탭, 중간 탭, 마무리의 3단계로 나뉘어 있어서 한 번만 통과하면 마무리까지 완료된다.

그림 4-90 자동 태핑 머신

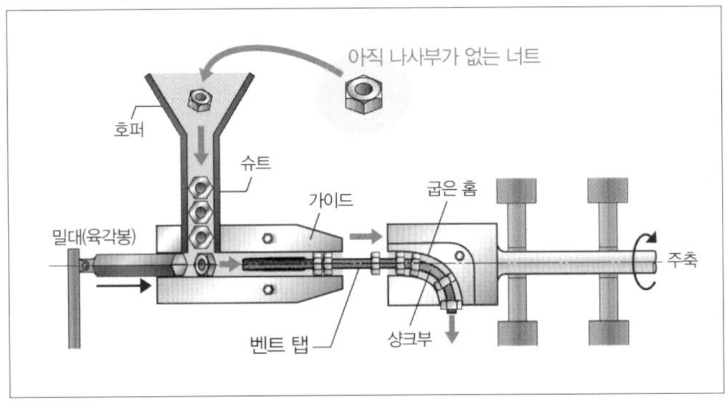

그림 4-91 벤트 탭

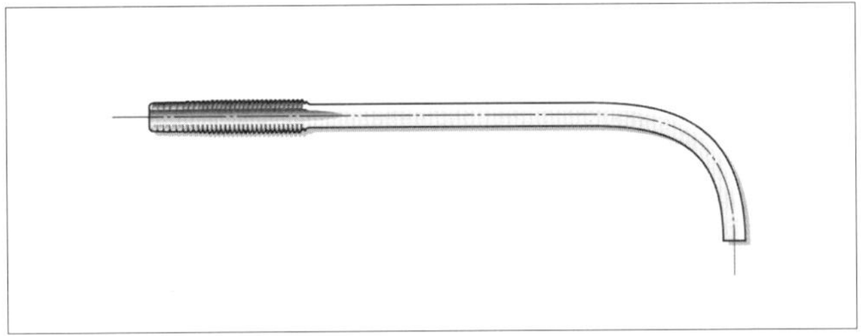

절삭가공과 압조의 차이

그렇다면 NC 선반 등을 이용한 절삭가공 나사의 성형과 압조 나사의 성형은 무엇이 다를까? 완성된 나사를 보는 것만으로는 그 차이가 잘 보이지 않을 수 있지만 절삭가공과 압조는 몇 가지 차이점이 있다.

가장 큰 차이점은 절삭가공의 경우 만들고 싶은 나사의 지름보다 큰 재료를 준비해야 하지만, 압조에서는 만들고 싶은 나사의 지름보다 작은 재료를 준비해야 한다는 점이다. 또 절삭가공에서는 절삭으로 인한 가루가 발생하지만 압조의 경우에는 가루가 발생하지 않는다. 즉 재료비 측면에서 보면 절삭가공보다 압조가 좋다고 할 수 있다. 또 생산성 측면을 고려하면 재료를 순식간에 눌러 성형하여 분당 수백 개의 생산성을 갖는 압조가 우수하다는 사실을 알 수 있다. 하지만 압조에서는 필요한 치수나 형상에 따라 다이스나 펀치를 준비해야 하므로 적은 로트(생산 단위) 생산에는 적합하지 않다. 따라서 소량 생산을 해야 할 때는 절삭가공이 적합하다고 할 수 있다.

그리고 어떤 가공법으로 성형하든 같은 치수라면 같은 제품으로 보일 수 있지만 절삭가공이 금속 재료의 조직인 단조 유선이라는 선을 끊어 내고 가공하는 데 반해 소성가공의 일종인 압조는 이 단조 유선을 끊지 않고 가공할 수 있기 때문에 치밀한 조직이 되어 뛰어난 기계적 성질을 가질 수 있다.

4-7 열처리와 표면 처리

① 열처리

대부분의 철강 재료는 적절한 온도로 가열하고 냉각함으로써 강도나 인성 등의 기계적 특성을 향상시킬 수 있다. 이를 열처리(Heat Treatment)라고 하며, 대표적인 것으로는 담금질, 뜨임, 풀림, 불림 등이 있고 실제로는 재질에 맞는 온도 관리하에서 시행된다.

(1) 담금질(Quenching)

강(鋼)을 적절한 온도까지 가열한 후 빠르게 냉각하는 열처리다. 이로 인해 재료의 경도는 높아지지만, 한편으로는 연해진다.

(2) 뜨임(Tempering)

담금질로 단단하고 취약해진 강을, 담금질 온도보다 낮은 온도에서 다시 가열한 후 빠르게 냉각하는 열처리다. 이로써 취약성을 개선하고 인성을 부여할 수 있다.

(3) 풀림(Annealing)

강을 적절한 온도까지 가열한 후 천천히 냉각하는 열처리다. 이로써 강도를 낮추고 잔류 응력을 제거하거나 결정 구조를 균일화할 수 있다.

(4) 불림(Normalizing)

강을 적절한 온도까지 가열한 후 천천히 냉각하는 열처리다. 이를 통해 불균일한 결정립을 균일화하고 미세화할 수 있으며 강도와 인성 등이 향상된다.

탄소강 등을 담금질할 때 단단함은 주로 함유된 탄소와 열처리 및 표면 처리로 인해 결정된다. 일반적으로 탄소량이 많을수록 담금질 시의 경도는 증가하지만, 탄소량이 0.85%를 넘으면 담금질을 해도 경도는 그다지 증가하지 않는다. 나사나 볼트 등에 이루어지는 대표적인 열처리 방법은 몇 가지 방법으로 나뉜다.

(5) 침탄 담금질

저탄소강(0.05~0.1%) 등 통상적인 담금질이 불가능한 강의 표면에 탄소를 확산시켜 강 표면을 경화하는 방법이다. 탄소량을 높인 분위기 속에 넣어 재료 표면을 단단하게 하고 강인하며 내마모성이 뛰어난 특성을 얻을 수 있다.

침탄 담금질이 이루어지는 나사로는 태핑 나사가 있다. 즉 태핑 나사는 접합하는 재료에 나사가 파고들어야 해서 나사산을 더 단단하게 만들어야 한다는 의미다. 대표적인 태핑 나사 재질인 SWCH재는 탄소를 주는 침탄 가스층 안에 두고 900℃ 부근에서 담금질함으로써 재료의 표면이 탄소를 흡수하게 한다. 그리하여 침탄층이 생기고 표면이 특히 딱딱해진다.

또 담금질 후에는 300℃~400℃에서 뜨임 열처리를 해서 안정적인 조직으로 만들 수 있다.

그림 4-92 침탄 담금질

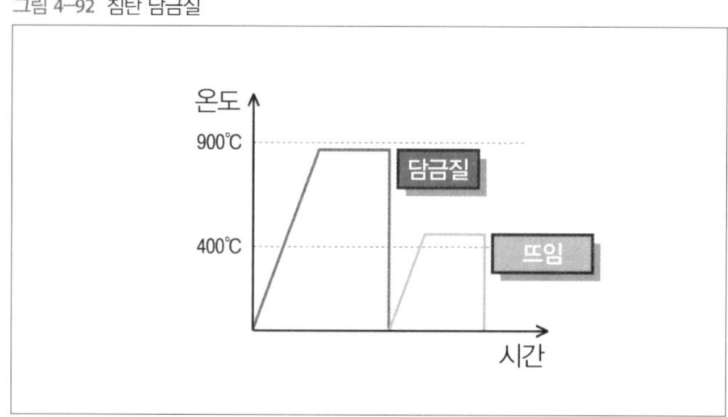

(6) 조질 담금질

경도뿐만 아니라 재료가 파괴되거나 떨어져 나가지 않도록 끈기를 부여하기 위해 실시하는 열처리 방법이다. 대표적인 6각 구멍붙이 볼트의 재질인 SCM435에서는 830℃~880℃로 담금질을 한 후, 400℃~600℃로 뜨임 열처리를 해서 단단하고 끈기 있는 재질로 조질(調質)할 수 있다.

그림 4-93 조질 담금질

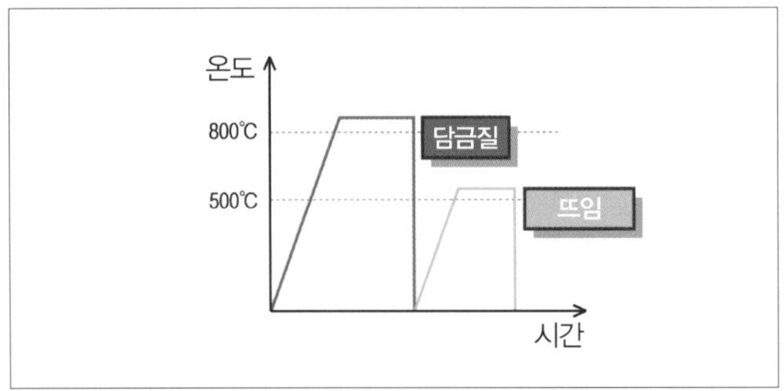

(7) 고주파 담금질

철강 재료의 외부나 내부에 코일을 놓고 고주파 전류를 흘려서 재료 표면에 유도 전류를 발생시키고 이 저항 열로 표면 근처를 빠르게 가열하여 열처리하는 방법이다. 이 방법으로 하면 내마모성이나 내피로성을 필요로 하는 부분만 강화할 수 있다.

그림 4-94 고주파 열처리

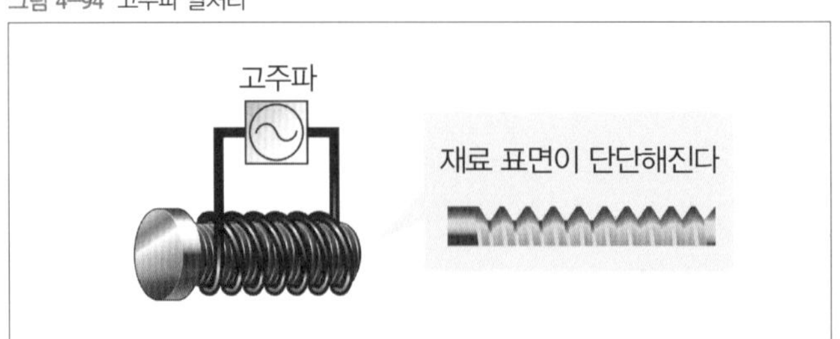

② 표면 처리

대부분 나사는 성형 후에 소재 그대로 사용되지 않고, 재료의 표면에 경도, 내마모성, 내식성, 윤활성 등을 부여하거나 미관을 향상하기 위한 표면 처리를 한 후에 사용된다. 여기에서는 도금을 중심으로 한 대표적인 표면 처리의 몇 가지 방법을 소개한다.

(1) 전기 도금

전기 도금은 입히고 싶은 금속의 양이온을 포함하는 용액에 도금하고자 하는 재료를 담그고 음극에 연결하여 재료 표면에 금속을 전기적으로 석출하는 기술이다.

그림4-95 전기 도금의 원리

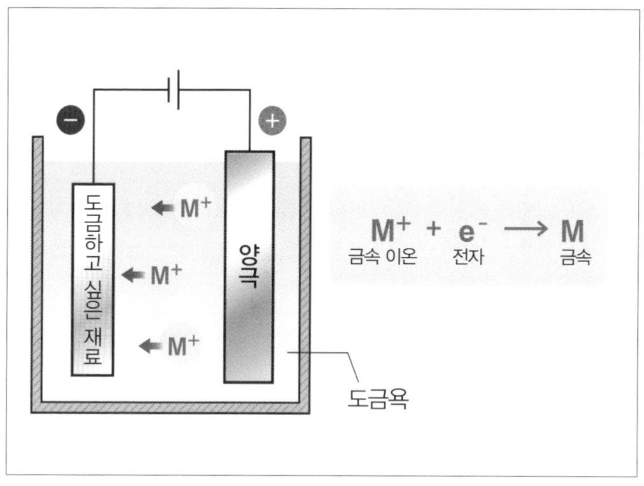

전기 도금에는 부식을 방지하기 위한 아연 도금, 광택을 내어 장식을 목적으로 하는 니켈 도금이나 크롬 도금 등의 종류가 있다.

아연 도금은 철제품에 사용한다. 부식 환경에서 아연이 먼저 부식되어 철을 녹으로부터 보호하는 원리로 얇은 아연 피막(약 5~8마이크론)을 입히는 방법이다. 아연 도금은 비용이 저렴해서 자동차용 강판을 비롯하여 가전제품이나 건축 자재 등 많은 철강 제품의 방청 도금으로 중요한 역할을 한다. 물론 관련된 나사에도 많이 사용되는 도금법이다.

아연 도금이 된 재료는 산화되기 쉽고 변색하기 쉬운 성질을 가지고 있기 때문에 일반적으로는 도금 후에 크로뮴산염을 포함한 용액에 담가 금속 표면에 크로메이트 피막을 생성시키는 크로메이트 처리를 한다. 이를 통해 금속 표면의 내식성이 향상되며 외관을 아름답게 만들 수 있다. 크로메이트 피막은 몇 가지 종류로 분류된다.

유색 크로메이트(크로메이트)는 내식성 향상을 주목적으로 하는 방법으로 무지개 색상을 띤 금색이 된다. 광택 크로메이트(유니크로)는 광택으로 외관을 아름답게 하는 것을 주목적으로 하는 방법으로 푸르스름한 은색을 띠게 된다. 흑색 크로메이트(흑아연)는 검은색과 내식성이 필요한 부분에 사용하는 방법으로 윤기 있는 검은색을 띤다. 녹색 크로메이트는 가장 내식성이 뛰어난 방법으로 짙은 녹색을 띠게 된다.

이러한 크로메이트 처리에는 6가 크로뮴이라는 종류의 크로뮴이 포함되어 있지만, 최근에는 이 6가 크로뮴이 인체에 유해하다는 사실이 알려져 자동차 산업이나 전자 산업 등에서도 6가 크로뮴의 대체 처리제나 6가 크로뮴 규제 대책에 본격적으로 착수하고 있다.

그림 4-96 크로메이트 피막의 이모저모

현재 가장 현실적인 대체안으로 제안되고 있는 방법으로 독성이 없는 3가 크로뮴으로 대체하는 것이 있다. 이를 사용한 크로메이트 처리를 3가 크롬메이트라고 부른다. 또한, 크로메이트 처리 약품의 사용을 제한하는 움직임 중에는 중요한 규제가 몇 가지 있다.

RoHS(로즈) 지침은 EU(유럽 연합)가 2006년 7월에 시행한 전기 전자기기를 대상으로 특정 유해 물질의 함유를 금지하는 규제다. 규제 대상은 Pb(납), Cd(카드뮴), Cr6+(6가 크로뮴), Hg(수은), PBB(폴리브로모바이페닐), PBDE(폴리브로모바이페닐에테르)의 6종 물질이며, 이러한 유해 물질을 함유한 제품은 EU 내에서 판매할 수 없게 되었다. 크로메이트 처리에서 6가 크로뮴이 대상에 해당되므로 기기 제조업체는 최근 몇 년간 금지 물질의 관리를 엄격히 하고 있으며 그 결과, 나사의 도금에도 영향을 미치고 있다. 참고로 RoHS는 'Restriction of the use of certain Hazardous Substances in electrical and electronic equipment'의 약자이다.

나아가 EU는 2007년 6월에 REACH(리치) 규칙이라는 새로운 화학물질 규제를 시행했다. 이는 유럽 내에서 연간 1톤 이상 생산 또는 수입되는 화학물질을 대상으로 안전성 평가 책임을 기업에 의무화하고, 평가에 따라 EU가 화학물질 사용을 제한하겠다는 내용으로, RoHS 지침보다 규제 물질 수가 압도적으로 많아질 것으로 보인다. REACH 규칙의 목적은 '인간의 건강과 환경 보호', 'EU 화학 산업의 경쟁력 유지 및 향상' 등이며, 거의 모든 화학물질을 대상으로 한다. 참고로 REACH는 'Registration, Evaluation and Authorization of Chemicals'의 약자이다.

이처럼 지금은 환경과 인간에 미치는 영향이 적은 처리 약품으로 대체되는 과도기이므로 나사 도금 역시 이러한 동향에 적절히 대응해 나가야 한다.

(2) 무전해 도금

무전해 도금은 전류를 흘리지 않고 재료를 도금액에 담그기만 하면 도금 금속이 석출되는 기술이다. 이 반응은 서로 다른 금속의 이온화 경향의 차이에 의한 환원 반응을 바탕으로 한 화학 반응이기 때문에 화학 도금이라고도 한다.

무전해 도금은 전기 도금보다 균일한 도금 막 두께를 만들 수 있으므로 복잡한 형상이나 치수 정밀도가 필요한 재료를 도금하기에 적합하다. 또한, 경도나 내마모성 등의 기계적 특성 및 전기적 · 자기적 특성에 대해서도 우수한 피막을 만들 수 있다. 대표적인 것으로는 니켈 도금, 주석 도금, 금도금, 은도금, 구리도금 등이 있다. 플라스틱이나 세라믹과 같이 전기가 통하지 않는 재료에도 도금이 가능하다.

나사에 적용하는 경우도 많은 무전해 니켈 도금은 니켈(90~92%)과 인(8~10%)의 합금 도금으로 복잡한 형상의 나사산 등에도 두꺼운 피막을 균일하게 도금할 수 있다.

그림 4-97 무전해 도금의 원리

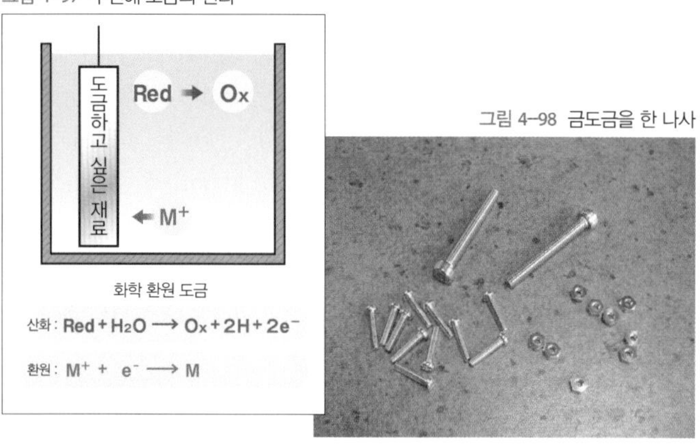

그림 4-98 금도금을 한 나사

(3) 양극산화 처리

양극산화 처리는 입히고 싶은 금속의 음이온이 포함된 용액에, 도금을 원하는 재료를 양극에 연결하여 담가서 금속을 양극에 연결된 재료 표면에 석출하는 기술이다. 알루미늄의 표면 처리를 위해 많이 이용되고 있다. 그리고 도금하고 싶은 재료를 음극으로 하는 전기 도금과는 전원 연결이 반대가 된다. 또 양극산화 처리로 인해 재료 표면에 생긴 피막을 양극산화 피막이라고 한다. 양극산화 처리는 알루마이트라고도 부르며 경질화나 착색도 가능하다.

그림 4-99 양극산화 처리의 원리

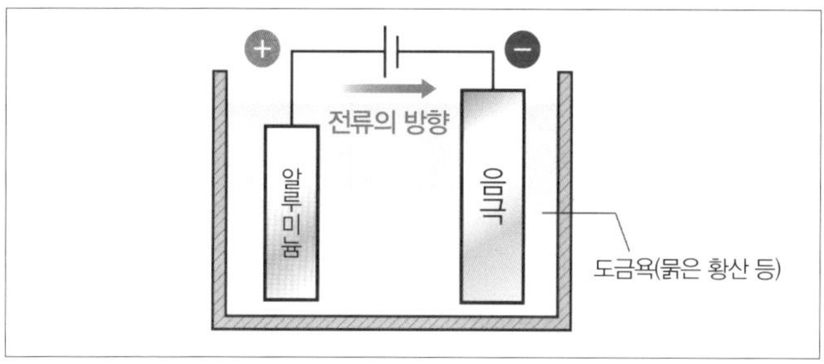

알루미늄은 산소와 잘 결합하므로 공기 중에 노출되면 매우 얇은 산화 피막을 만드는데 내식성이 좋다고 알려져 있다. 하지만 이 피막은 매우 얇아서 환경에 따라서는 화학 반응으로 부식될 가능성이 있으므로 표면을 보호하기 위한 표면 처리가 필요하다.

도금욕에 묽은 황산을 이용했을 때 화학 반응의 예시는 다음과 같다.

$$2Al + 3H_2O \rightarrow Al_2O_3 + 6H^+ + 6e$$

그림 4-100 알루마이트(컬러)

지연 파괴

최근 나사 강도에 관한 주제로 자주 등장하는 것이 지연 파괴다. 지연 파괴란 고강도의 철강 재료가 정적 부하를 받은 상태에서 일정 시간이 지난 후에 소성변형을 거의 동반하지 않고 갑자기 취성적으로 파괴되는 현상이다. 이는 강재 내에 흡수된 수소로 인해 강재의 강도가 저하되는 현상으로 수소 취성이라고도 불린다. 그리고 수소 취성으로 인한 파괴는 결정립계나 인장 응력이 가해지는 부위, 응력이 집중되는 부분에서 발생하기 쉬운 것으로 알려져 있다. 또 이 현상은 저탄소강에서는 거의 문제가 없으며 탄소 함량이 높은 강재에서 발생한다. 나사의 경우, 머리부 아래의 둥근 부분이나 불완전 나사부 등 형상적으로 응력 집중을 받기 쉬운 부분에서 지연 파괴가 일어날 수 있다는 점이 문제가 된다.

그림 4-101 지연 파괴가 발생하기 쉬운 부위

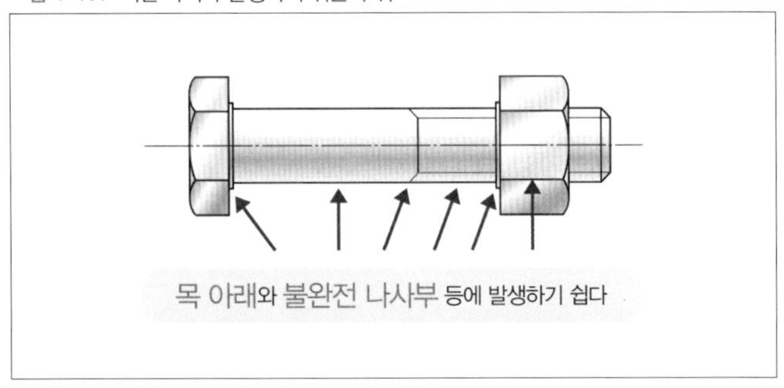

지연 파괴의 원인으로는 부식, 용접, 산세척, 전기 도금 등이 언급되며 나사 역시 특히 아연 등의 도금으로 인한 강도 저하가 우려되고 있다. 이에 대한 대책으로는 수소 제거 처리나 방청 처리 등이 이루어지고 있지만, 근본적인 대응책은 아직 찾지 못한 상황이다.

4-8 사출 성형과 수지 나사

① 사출 성형

수지는 금속 나사 무게의 약 1/5~1/6로 가볍고, 내약품성과 절연성, 단열성 등이 우수하며 자성을 띠지 않는다는 특징이 있다. 수지 나사의 성형은 금속 나사와 마찬가지로 절삭가공으로 이루어지기도 하지만, 압출가공으로는 불가능하다. 수지 나사(플라스틱 나사) 성형의 대표적인 가공 방법은 사출 성형이다.

사출 성형은 사출 성형기라고 불리는 공작기계를 사용해서 입자 상태의 플라스틱 원료를 가열하여 녹이고, 주사기와 유사한 원리로 금형에 밀어 넣어 성형하는 작업 방법이다. 사출 성형은 금속 주조에 비해 낮은 온도(180~450℃)에서 중 · 고압으로 성형된다. 사출 성형의 주요 특징으로는 짧은 시간에 같은 품질의 성형품을 대량으로 생산할 수 있다는 점과, 원료 투입부터 완성품의 추출까지 전자동으로 수행할 수 있다는 점 등을 들 수 있다. 그래서 수지 나사의 대부분도 이 방법으로 성형된다.

① 호퍼라고 불리는 재료 투입구에 입자 상태의 플라스틱 원료를 투입한다.
② 호퍼에서 투입된 수지 원료는 히터로 가열된 실린더를 통과하면서 녹아 흐물흐물해진다.
③ 녹은 수지는 스크류로 압력이 가해지고, 실린더 끝에 있는 노즐에서 금형으로 사출된다.
④ 금형에 주입된 수지가 굳을 때까지 냉각된 후, 금형이 열리고 성형품이 추출된다. 이 과정을 반복하면 같은 제품을 대량 생산할 수 있다.

사출 성형은 높은 치수 정도와 복잡한 구조의 제품을 만들 수 있지만, 이

그림 4-102 사출 성형 공정

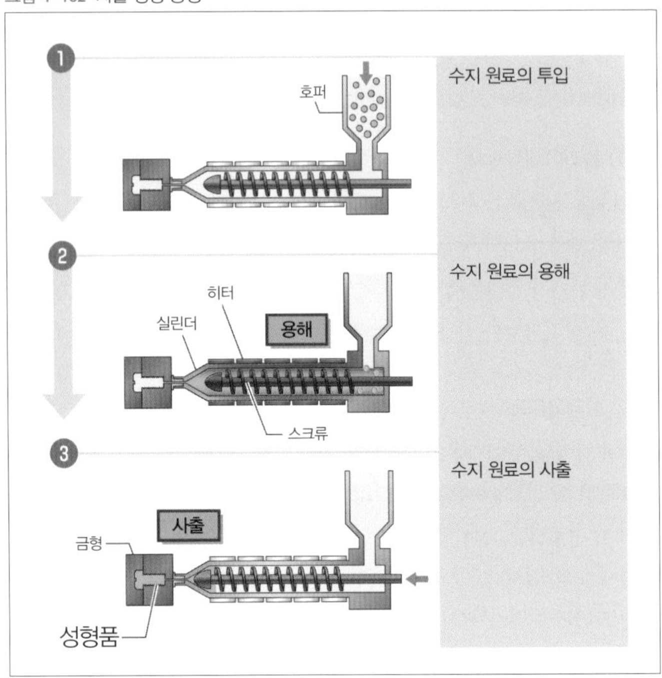

는 금형의 정도에 의해 결정된다. 금형은 암수 두 가지로 이루어져 있으며, 녹인 수지 원료를 금형 사이에 만들어진 제품 모양의 홈에 주입하고 압력을 가한다. 그러나 나사 금형의 경우 나사산 부분이 있기 때문에 단순한 암수 타입이 아니라 모터 등의 회전을 이용하여 제품을 꺼내는 등의 고민이 필요하다.

② 수지 나사

금속 재료보다 가벼우며 우수한 인장강도와 내충격성, 전기 절연성, 내화학성 등을 갖춘 수지 재료를 엔지니어링 플라스틱(줄여서 엔플라)이라고 하며, 기계 재료로 널리 사용된다. 수지 재료의 종류는 다양하며 같은 재료라도 제조업체마다 상품명이 다를 수 있으므로 재료 선택에 주의가 필요하다. 여기에서는 나사에 많이 사용되는 엔지니어링 플라스틱을 몇 가지 소개한다.

(1) 폴리아세탈(POM)

인장강도와 굽힘 강도가 크며 강인하고 탄성도 강하다. 또 진동 흡수성과 방음성이 풍부하며 내화학성도 우수하다. 나아가 마찰계수가 적고 내마모성도 뛰어나 톱니바퀴나 나사 등의 기계 부품으로 널리 사용된다. 일반적으로 흰색이며 델린, 듀라콘 등의 상품명이 붙어 있다.

(2) 폴리아미드(PA)

폴리아세탈보다 인장강도와 굽힘 강도가 크고 내충격성과 내마모성도 우수하다. 또 진동 흡수성과 방음성이 풍부하며 윤활제 없이도 사용할 수 있다. 색상은 흰색, 파란색, 검은색 등이 있으며 상품명은 나일론이다.

(3) 폴리카보네이트(PC)

인장강도와 내충격성, 내열성, 전기 절연성 등이 우수하며, 수지 중에서도 높은 투명성을 갖기 때문에 광학적인 용도로도 많이 사용되는 재료이다.

(4) 레니(RENY)

폴리아미드 MXD6를 베이스 폴리머로 하여 유리 섬유로 강화한 재료로, 엔플라 중에서 가장 큰 인장강도와 굽힘 강도를 가졌으며 내유성과 내열성도 우수하다. 참고로 RENY는 미쓰비시 엔지니어링 플라스틱스의 등록 상표이다.

(5) 테플론(PTFE 등)

내열성, 내약품성, 비접착성, 저마찰성 등이 뛰어난 재료로 기계 부품, 전기절연 재료 등으로 폭넓게 사용되고 있다. 참고로 테플론은 미국 DUPONT(듀퐁)사의 등록 상표이다.

(6) 피크(PEEK)

내열성, 내충격성, 내크리프성 등 기계적 특성이 우수한 재료이며 엔플라 중에서도 최고 수준의 내약품성을 가진다. 덧붙여 PEEK는 Victrex(빅트렉스)의 일본 시장에서의 등록 상표이다.

그림 4-103 수지 나사

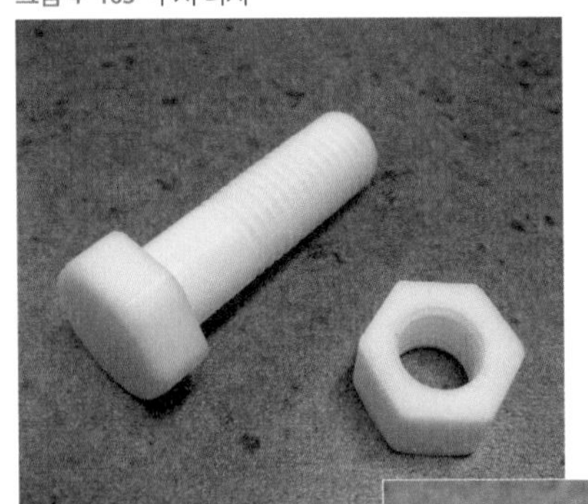
테플론

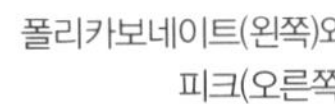
폴리카보네이트(왼쪽)와 피크(오른쪽)

4-9 나사의 검사

나사산의 검사

다양한 공정을 거쳐 완성된 나사가 반드시 예정된 치수대로 가공되는 것은 아니다. 그래서 완성 후의 검사나 시험은 중요한 작업이다.

나사의 불량에는 나사 머리나 나사산 등의 치수 차이나 강도 부족, 내부의 깨짐, 도금 불량 등 다양한 요인이 있다. 그리고 그 검사 방법도 다양하다. 치수에 관련된 사항은 정해진 치수 허용 범위 안에 들어가 있는지를 검사하게 된다. 여기에서는 나사의 검사법을 몇 가지 소개한다.

(1) 나사 게이지

나사가 올바르게 기능하는지를 판정하기 위해 나사산 자체를 정밀하게 측정하는 것이 아니라, 기준이 되는 수나사에 대응하는 암나사, 기준이 되는 암나사에 대응하는 수나사를 실제로 끼워서 검사하는 방법이 있다. 이때 기준이 되는 것을 나사 게이지라고 하며, 표준 나사 게이지와 한계식 나사 게이지가 있다.

그림4-104 표준 나사 게이지

사진 제공: 제일측범제작소

표준 나사 게이지는 매우 정밀하게 나사의 기준 형상과 기준 치수대로 만들어진 플러그 게이지와 링 게이지가 한 쌍으로 구성된 게이지다. 제품 나사에 대해 나사 링 게이지와 나사 플러그 게이지가 통과하면 합격이다.

표준 나사 게이지에서는 제품 간의 맞물림 정도를 판단할 수 없으므로 그런 경우에는 한계식 나사 게이지를 사용한다. 한계식 나사 게이지는 통과와 멈춤의 두 가지 치수 차이를 가지는 나사로, 나사 부품의 미리 정해진 치수 정밀도의 상한과 하한으로 검사한다. 해당 검사는 한계 나사 게이지의 통과 게이지가 원활하게 통과하고, 멈춤 게이지가 2회전을 넘어 들어가지 않으면 해당 게이지에 의한 등급 검사에 합격했다고 판정한다.

그림 4-105 한계식 나사 게이지

사진 제공: 제일측범제작소

(2) 피치 게이지

나사의 피치를 측정하는 간단한 측정기로 피치 게이지가 있다. 이는 각종 치수의 피치 형상을 가진 몇 장의 게이지가 묶여 있으며, 그중 필요한 것을 선택하여 사용한다. 측정 방법은 나사산에 게이지를 대고 틈이 없는지를 검사한다.

그림 4-106 피치 게이지

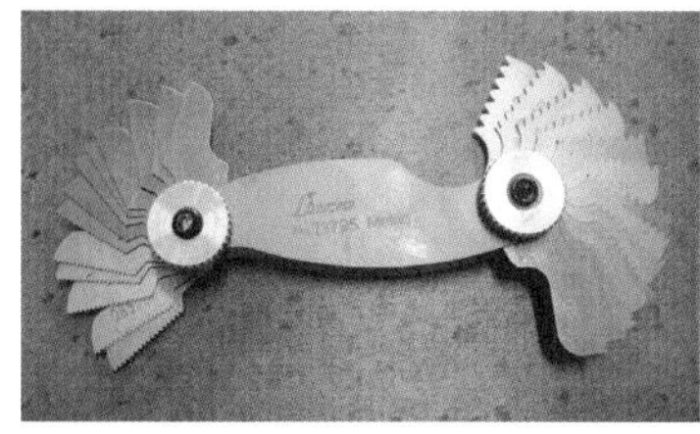
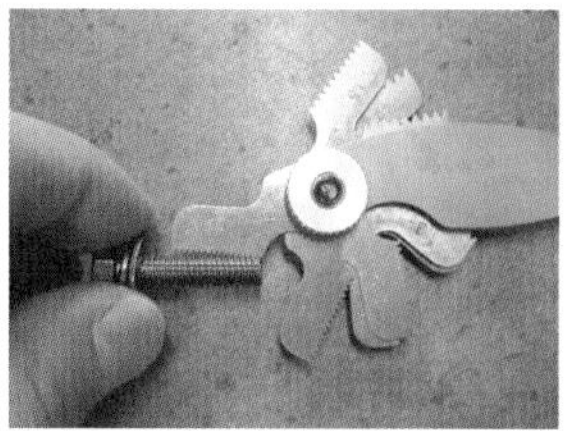

(3) 공구 현미경

공구 현미경에 나사를 놓고 마이크로 핸들을 조작하여 나사의 바깥지름과 골지름, 유효 지름, 피치, 나사산의 각도 등을 광학적으로 측정할 수 있다.

그림 4-107 공구 현미경

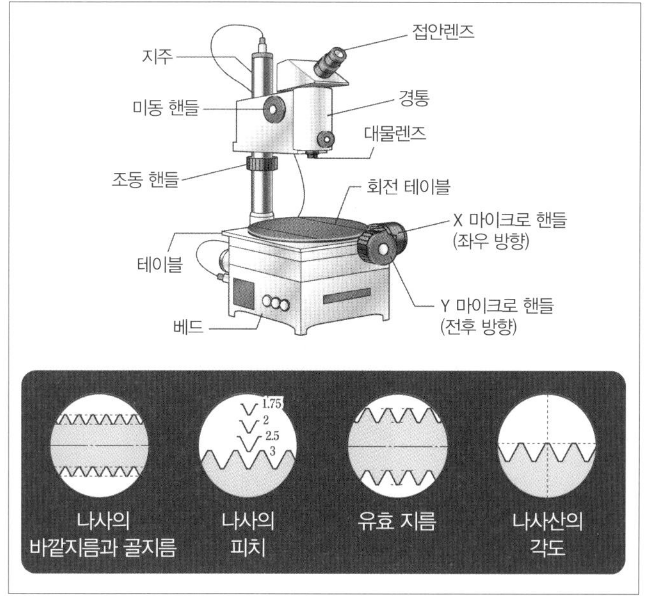

(4) 롤러 선별기

나사의 압조를 실시하고 있는 많은 공장에서 볼 수 있는 기계가 **그림 4-108**과 같은 롤러 선별기이다. 이 검사기에서는 압조와 전조가 종료된 나사의 축 지름이 정해진 치수의 공차 범위 내에 들어가 있는지를 검사한다. 회전하고 있는 선별부의 롤러 틈새 2개 중 투입 측을 좁게 하고 그 끝이 넓어지도록 조정하면 두께 차이에 의해 선별된다. 상부에서 흘러온 것의 축 지름이 치수 허용 차이보다 작으면 바로 앞에서 제외되고 치수 허용 차이보다 크면 끝까지 흘러가서 제외된다.

그림 4-108 롤러 선별기

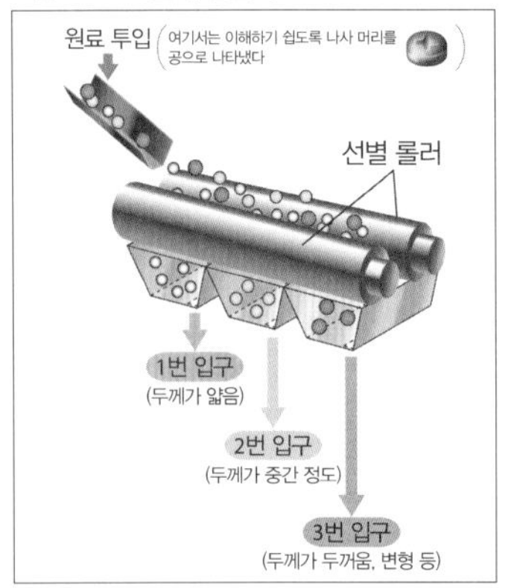

나사의 영어식 표기

나사를 영어로 표현하면 screw thread이다. screw(스크류)에는 나선이라는 의미도 있어서 추측하기 쉬울지도 모른다. 그리고 나사를 돌리는 것은 turn a screw, 나사를 푸는 것은 loosen a screw이다. 또한, 수나사는 external thread, 암나사는 internal thread이다. 나사 부를 가진 부품은 threaded fastener라고 한다. 그리고 Fastener(파스너)에는 조인다는 의미가 있어서 일본에서는 지퍼나 버클의 이미지가 더 강하지만, 서양에서는 나사 부품의 의미로 널리 사용되고 있다. 나아가 나사 머리부의 +자 홈붙이는 cross recess, 홈붙이는 slot이다.

볼트는 그대로 bolt이며 수나사 볼트는 bolt thread, 암나사 볼트는 nut thread이다. 6각 볼트는 hexagon head bolt, 6각 구멍붙이 볼트는 hexagon socket head cap screw, 6각 너트는 hexagon nut, 육각 렌치는 hex key이다. 또한, 태핑 나사는 tapping screw, 와셔는 washer이다.

재미있는 점은 둥근 구멍이 뚫려 있는 아이 너트는 눈과 비슷하다는 이유로 eye nut, 나비 너트는 butterfly nut이 아니라 날개를 의미하는 wing nut이다. 또한, 나사를 돌리는 도구는 screw driver라고 표현한다. 보드카를 오렌지 주스로 섞은 칵테일을 screw driver라고 하는데 이는 건축 현장의 작업자들이 나사돌리개로 저어서 마신 데에서 유래한 이름이라고 한다.

《주요 참고 도서》

日本規格協会(編),『JISハンドブック 2008〈ねじ Ⅰ, Ⅱ〉』, 日本規格協会, 2008.

門田和雄,『絵とき「ねじ」基礎のきそ』, 日刊工業新聞社, 2007.

門田和雄,『ねじ図鑑 – 種類や上手な 門田和雄 使い方がよくわかる』, 誠文堂新光社, 2007.

《취재협력》

青戸製作所 (埼玉県三郷市)

アキテック (埼玉県八潮市) http://www.akitec.co.jp/

浅井製作所 (埼玉県草加市) http://www.nejikouba.com/

アドバンス産業 (鳥取県米子市) http://www.senban1ban.com/

SPSアンブラコ (東京都町田市) http://www.spsunbrako.co.jp/

オーエスジー(埼玉県八潮市) http://www.osg.co.jp/

キモト (埼玉県八潮市)

金属産業新聞 (東京都港区) http://www.neji-bane.jp/

サンコーインダストリー(大阪市西区) http://www.sunco.co.jp/

三和鋲螺 (東京都港区) http://www.neji.co.jp/

第一測範製作所 (新潟県小千谷市) http://www.issoku.jp/

大和工業 (埼玉県川越市) http://www.daiwa-kogyo.jp/

竹澤鋲螺 (東京都港区) http://www.tokusyu-neji.jp/

東善寺~小栗上野介の寺 (群馬県高崎市) http://tozenzi.cside.com/

日本航空専門学校 (北海道千歳市) http://www.jaa-tech.jp/

ハードロック工業 (大阪府東大阪市) http://www.hardlock.co.jp/

ファスニングジャーナル (東京都台東区) http://www.nejinews.co.jp/

冨士精密 (大阪府豊中市) http://www.fun.co.jp/u_nut.html

KURASHI WO SASAERU "NEJI" NO HIMITSU

하루 한 권, 나사

초판 인쇄 2024년 1월 31일
초판 발행 2024년 1월 31일

지은이 가도타 가즈오
옮긴이 신해인
발행인 채종준

출판총괄 박능원
국제업무 채보라
책임편집 구현희 · 정승혜
마케팅 안영은
전자책 정담자리

브랜드 드루
주소 경기도 파주시 회동길 230 (문발동)
투고문의 ksibook13@kstudy.com

발행처 한국학술정보(주)
출판신고 2003년 9월 25일 제 406-2003-000012호
인쇄 북토리

ISBN 979-11-6983-854-2 04400
979-11-6983-178-9 (세트)

드루는 한국학술정보(주)의 지식 · 교양도서 출판 브랜드입니다.
세상의 모든 지식을 두루두루 모아 독자에게 내보인다는 뜻을 담았습니다.
지적인 호기심을 해결하고 생각에 깊이를 더할 수 있도록, 보다 가치 있는 책을 만들고자 합니다.